DETAIL Praxis

Holzbau

Details
Produkte
Beispiele

Theodor Hugues
Ludwig Steiger
Johann Weber

Edition Detail

Autoren:

Theodor Hugues, Univ.-Prof. Dr. -Ing., Architekt
Lehrstuhl für Baukonstruktion und Baustoffkunde,
Technische Universität München
Ludwig Steiger, Dipl.-Ing. Univ., Architekt
Johann Weber, Dipl.-Ing. (FH)

Zeichnungen:

Michaela Jurck, Dipl.-Ing. Univ.

Sekretariat:
Marga Cervinka

Redaktion und Lektorat:
Friedemann Zeitler, Dipl.-Ing. Univ., Architekt
Nicola Kollmann, Dipl.-Ing. (FH)

© 2002 Institut für Internationale
Architektur-Dokumentation GmbH & Co.KG

ISBN 3-920034-07-4

Gedruckt auf säurefreiem Papier, hergestellt aus
chlorfrei gebleichtem Zellstoff.

Alle Rechte vorbehalten, einschließlich das des
auszugsweisen Abdrucks, der Übersetzung der
fotomechanischen Wiedergabe und der Mikrokopie. Die Übernahme des Inhalts und die Darstellung, ganz oder teilweise, in Datenbanken und
Expertensystemen ist untersagt.

DTP & Produktion:
Peter Gensmantel, Cornelia Kohn, Andrea Linke,
Roswitha Siegler

Druck:
Wesel-Kommunikation
Baden-Baden

1. Auflage 2002
3000 Stück

Institut für Internationale
Architektur-Dokumentation GmbH & Co.KG
Sonnenstraße 17, D-80331 München
Telefon: +49 / 89 / 38 16 20-0
Telefax: +49 / 89 / 39 86 70
Internet: www.detail.de

in Zusammenarbeit mit den
Verbänden des Bayerischen Zimmerer- und
Holzbaugewerbes, München

DETAIL Praxis
Holzbau

Theodor Hugues
Ludwig Steiger
Johann Weber

Inhalt

9	Einleitung
11	Haus A
12	Außenwand, Sockel
13	Innenwand, Kellerdecke
14	Außenwand, Decke, Fenster
15	Innenwand, Decke, Tür
16	Außenwand, Decke, Traufe
17	Außenwand, Decke, Ortgang
18	Außenwand, Ecke, Installationsschacht
19	Gebäudetrennwand
21	Haus B
22	Außenwand, Sockel
23	Innenwand, Bodenplatte
24	Außenwand, Fundament
25	Innenwand, Fundament
26	Außenwand, Decke, Fenster
27	Innenwand, Decke, Tür
28	Außenwand, Traufe
29	Außenwand, Ortgang
30	Außenwand, Ecke
31	Gebäudetrennwand
33	Produktübersicht
34	Holz
40	Holzwerkstoffe
50	Bauplatten
53	Dämmstoffe
66	Baupapiere, Folien
70	Verbindungsmittel
76	Holzschutz
78	Fugendichtbänder
80	gebaute Beispiele Übersicht
81	gebaute Beispiele
97	Technische Informationen
103	Normen
104	Literatur
105	Herstellerverzeichnis
110	Sachregister
112	Namensregister
113	Bildnachweis

Das »Arbeitsheft Holzbau«, als Vorläufer dieses Buches, entstand auf Anregung der Verbände des Bayerischen Zimmerer- und Holzbaugewerbes und wurde von der Stiftung des Bayerischen Zimmerer- und Holzbaugewerbes Donat Müller gefördert.

Der Dank der Autoren gilt den Beratern Herrn Univ.-Prof. Dr.-Ing Heinrich Kreuzinger (Tragwerk) sowie Herrn Dipl.-Ing. (FH) Georg Wust und Herrn Dipl.-Ing. (FH) Wolfgang Hallinger (Konstruktion und Material).

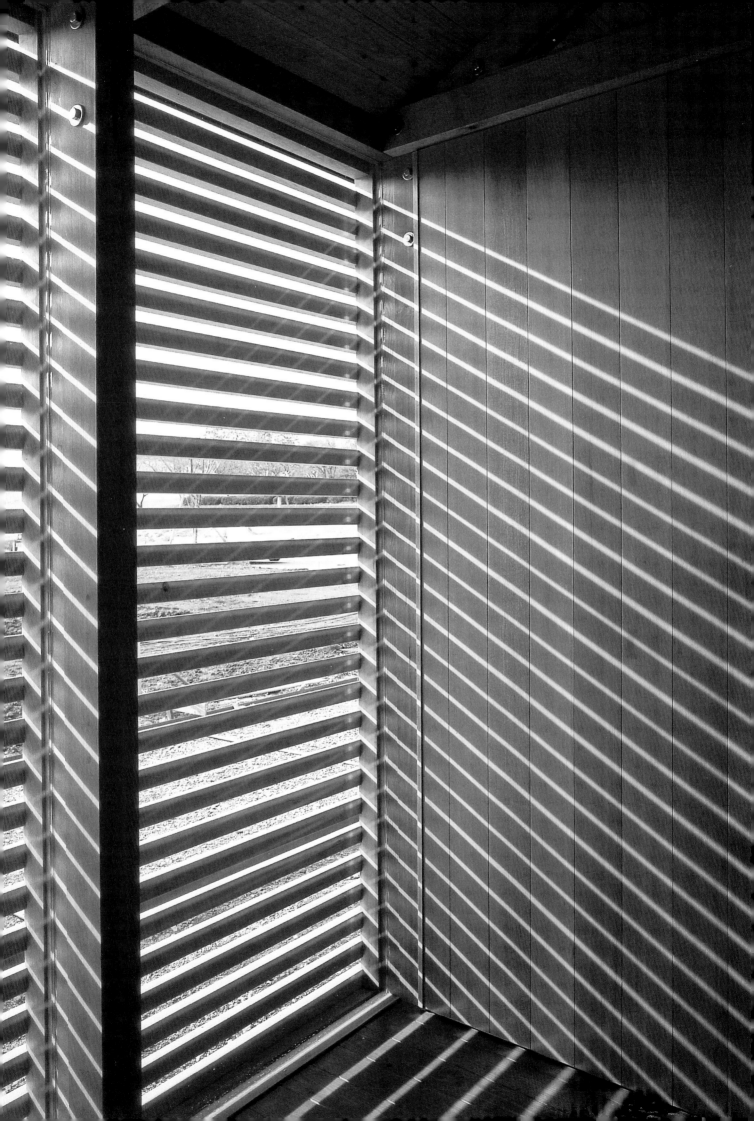

Haus A

Haus B

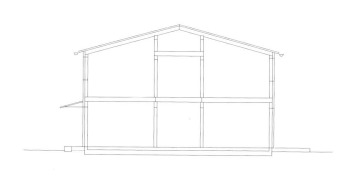

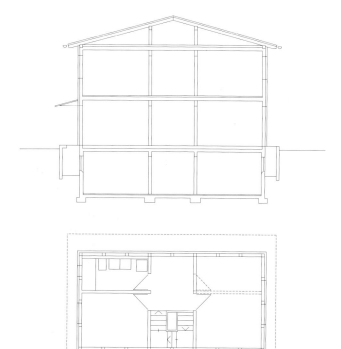

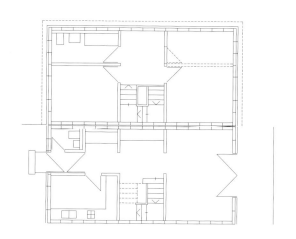

Einleitung

Das »Arbeitsheft Holzbau« will eine Arbeitshilfe für Anwender sein, kein Konstruktionsatlas und kein Baustofflexikon. Ziel ist das Darstellen der Zusammenhänge zwischen Konstruktion, Detail und Bauprodukt. Entstanden ist ein gut handhabbares Buch, in dem die an vielen Stellen im Büro oder im Betrieb vorhandenen Unterlagen für das Bauen mit Holz anwendungsfreundlich zusammengefasst sind. Um dem Problem des schnellen Alterns, vor allem des vorschnellen Veraltens entgegenzuwirken, wurde die Auswahl auf grundsätzliche Konstruktionen und erprobte Stoffe beschränkt.

Teil 1
An zwei prototypischen Holzhäusern wird im ersten Teil ein Überblick über den exemplarischen Einsatz von Bauteilen, Bauteilschichten und Baustoffen gegeben und deren Einbindung in das Gefüge der beiden unterschiedlich konstruierten Holzhäuser gezeigt. Die beim Konstruieren auftretenden Fragen der Bauphysik wie Wärme-, Feuchte-, Schall- und Brandschutz, der Winddichtigkeit und des Fügens werden in knapper Form erklärt und an holzbautypischen Details und Anschlüssen dargestellt.
Zur Erläuterung der Zusammenhänge und Probleme wurden zwei einfache und gebräuchliche Reihenhaustypen entwickelt. Gemeinsam ist beiden Typen eine relativ flache Dachneigung, die den Einsatz leichter Dachdeckungsmaterialien zulässt. Die Beheizung könnte in beiden Fällen mit einer Gastherme erfolgen.

Haus A ist ein handwerklich hergestelltes Holzhaus mit voller Unterkellerung. Seine Fachwerkwände stehen auf den Kellerwänden bzw. der Kellerdecke und tragen eine Holzbalkendecke sowie einen zweifach stehenden nicht ausgebauten Dachstuhl.
Der Achsabstand von Pfosten und Deckenbalken beträgt 125 cm und somit ein Vielfaches des Moduls von 62,5 cm, dem viele Wandbaustoffe folgen. Der Nachteil einer dickeren Schalung auf den sichtbaren Deckenbalken war gegen räumliche (Flurbreite, Raummaße) und konstruktive Vorteile (Tür- und Fensteröffnungen ohne Auswechselungen) abzuwägen. Eine Reduzierung auf 83,33 cm (250 cm : 3) wäre möglich.
Um eine maßstäblichere Gliederung des Dachüberstandes an Traufe und Ortgang zu erreichen, wurde der Sparrenabstand auf 62,5 cm halbiert.

Haus B ist weitgehend in der Werkstatt produziert und wird aus den vorgefertigten Elementen für Wände, Decken und Dach auf einer schwimmenden Gründung montiert – einen entsprechend geeigneten Baugrund vorausgesetzt. Das Dach ist ausgebaut und in den Innenraum einbezogen.
Der Entwurf basiert auf einer Maßordnung von 62,5 cm, die mit den wesentlichen Elementen des Tafelbaus, wie etwa den Plattenmaßen von Sperrholz, Spanplatten und vor allem von Gipskarton-/Gipsfaserplatten, korrespondiert und sich als brauchbares Grundmaß für eine Teil- oder Vollvorfertigung erwiesen hat.

Die Ausbildung der Außenhaut und die mögliche Umsetzung in Baustoffe wurde in Übereinstimmung mit den beiden unterschiedlichen Zielsetzungen vorgenommen.

Teil 2
Die bei der Erläuterung der Detailpunkte auftretenden Oberbegriffe von Werkstoffen und Verbindungsmitteln sind kursiv gesetzt. Sie können im zweiten Teil unter dem gekennzeichneten Oberbegriff im Schlagwortverzeichnis weiter verfolgt und mit Kenndaten, Produkten und Herstellern belegt und konkretisiert werden.

Teil 3
Die kurze, bebilderte Dokumentation von neun ausgeführten Projekten soll einen Eindruck von dem unterschiedlichen Erscheinungsbild verschiedener Holzbauten in Abhängigkeit von der gewählten Konstruktion, der spezifischen Detailausbildung und der eingesetzten Materialien geben.

Teil 4
Im Anhang finden sich neben technischen Informationen, eine Zusammenfassung der einschlägigen Richtlinien und Normen mit Bibliographie, ein Herstellerverzeichnis, das mit Querverweisen die Möglichkeit eröffnet, den Weg vom Hersteller über das Produkt bis zu dessen Einsatz auch »rückwärts« zu verfolgen, sowie das Sach- und Namensregister.

Haus A

Die Detailzeichnungen sind einheitlich abgebildet im Maßstab 1:10.
Gelbe Quadrate verweisen auf den zugehörigen Textabschnitt.
Die unterschiedlichen Bauteile sind in Variationen entwickelt und stellen beispielhafte Lösungen dar, die im konkreten Einzelfall auf die jeweiligen Randbedingungen, die geltenden Rechtsvorschriften, Normen und Herstellerrichtlinien abzustimmen sind. Haftungsansprüche an die Verfasser können daher nicht abgeleitet werden.

Haus A

12 Außenwand, Sockel
13 Innenwand, Kellerdecke
14 Außenwand, Decke, Fenster
15 Innenwand, Decke, Tür
16 Außenwand, Decke, Traufe
17 Außenwand, Decke, Ortgang
18 Außenwand, Ecke, Installationsschacht
19 Gebäudetrennwand

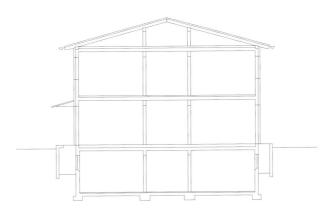

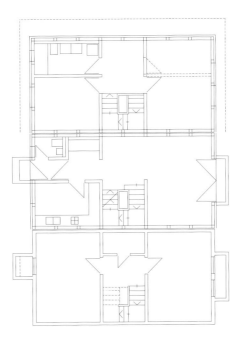

Haus A
Außenwand, Sockel

☐ a

Nach DIN 18195 und aus Gründen des *konstruktiven Holzschutzes* soll eine Sockelhöhe von ca. 30 cm eingehalten werden. Eine Unterschreitung ist prinzipiell möglich, sie erfordert jedoch zusätzliche Maßnahmen, z.B. Dachüberstand, Rücksprünge, wettergeschützte Seiten oder einen Grobkiesstreifen, der die Reflexion des anfallenden Spritzwassers reduziert.
Die *Perimeterdämmung* der Kelleraußenwand wird über Gelände aus optischen Gründen und zum Schutz vor mechanischer Beschädigung abgedeckt, z.B. durch eine *Faserzementplatte*.

☐ b

Der Übergang der *Perimeterdämmung* erfordert eine Abstimmung von *Perimeterdämmung* und Wandkonstruktion. Der Querschnitt für die *Hinterlüftung* darf nicht eingeschränkt werden. Die Befestigung der *Faserzementplatte* am oberen Rand mittels einer Leiste ist ausreichend, wenn der untere Plattenrand durch den angeschütteten Grobkies an die *Dämmplatte* gedrückt wird. Der senkrechte Plattenstoß sollte so ausgebildet werden, dass keine Feuchtigkeit hinter die Platte gelangt.

☐ c

Am Auflager der Holzschwelle müssen die Toleranzen der betonierten Kellerdecke aufgenommen werden. Die Fuge wird mit Quellmörtel geschlossen. Aus *Holzschutzgründen* muss die *Schwelle* imprägniert und gegen die Betondecke mit einer *Trennlage* versehen werden. Auf den *chemischen Holzschutz* kann verzichtet werden, wenn Holzarten mit einer besseren *Resistenzklasse* verwendet werden. Zur Befestigung auf der Decke kann bei ausreichendem Abstand zum Betonrand und bei vorhandener Einfassbewehrung die *Schwelle* direkt durchgebohrt und mit einem Schwerlastdübel verankert werden.
Alternativ ist es möglich, die *Schwelle* durch einen seitlich angeschlossenen Winkel oder durch eine einbetonierte Steinschraube zu befestigen.

☐ d

Die Konstruktion der *Außenwand* besteht aus den Fachwerkpfosten 12/12 cm im Achsabstand von 125 cm mit einer vertikalen oder horizontalen Zwischenkonstruktion, abgestimmt auf die Unterkonstruktion der Außen- und Innenverkleidung und auf das Format der *Wärmedämmung*. Diese kann in Platten- oder Rollenform eingebracht oder in Flockenform aufgespritzt werden. Das Einblasen von Flocken setzt voraus, dass geschlossene Kammern zwischen den Fachwerkpfosten vorhanden sind.
Im weiteren Aufbau wird eine Weichfaserplatte vollflächig auf der Tragkonstruktion befestigt, um die Wärmeverluste durch die Konstruktion und die Fugen zu reduzieren. Die mit Fälzen versehenen Platten übernehmen die *Winddichtung* und lassen eine direkte Befestigung der Lattung zu.
Bei Verwendung von Faserdämmstoff wäre eine senkrechte Konterlattung und eine Winddichtung notwendig.

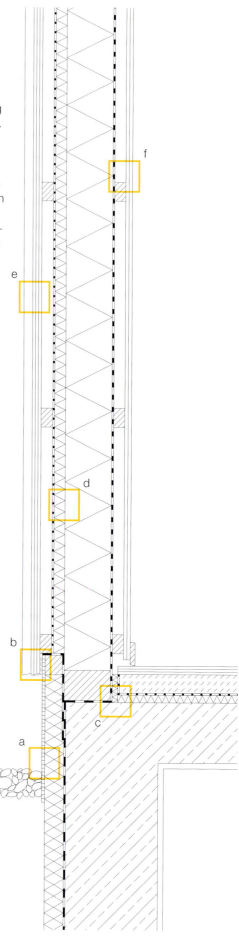

Haus A
Innenwand, Kellerdecke

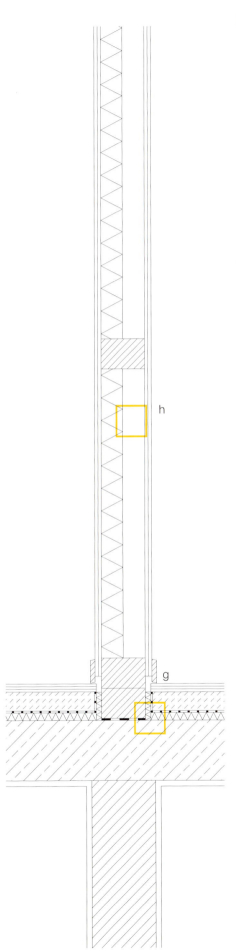

□ e

Der Luftquerschnitt zwischen dem Deckbrett und dem inneren Brett ist ausreichend, um eine *Hinterlüftung* der Außenhaut zu gewährleisten.
Durch die Verwendung von resistenteren und gut patinierenden Holzarten wie Lärche, Zeder oder Douglasie kann auf eine Oberflächenbehandlung der *Schalung* verzichtet werden. Das Vergrauen des Holzes, das jedoch unschädlich ist, wird dabei nicht verhindert. Je nach Resistenzklasse wird bei anderen Hölzern eine Wetterschutzbeschichtung in Form einer Lasur oder eines deckenden Anstrichs notwendig.

□ f

Die Innenverkleidung besteht aus einer vertikalen *Schalung* aus Profilbrettern auf einer horizontalen Lattenunterkonstruktion, die bei einem Pfostenabstand von 125 cm mindestens einen Querschnitt von 30/50 mm, besser 40/60 mm aufweisen müsste.
In diesem Bereich lassen sich nicht nur Bautoleranzen ausgleichen, sondern auch Elektroleitungen führen. Allerdings reicht dieser Platz nicht aus, um Steckdosen ohne Durchdringung der *Dampfbremse* auf der Innenseite der Wärmedämmung unterzubringen. Wegen des schwierigen Anschlusses an die *Dampfbremse* ist deshalb die Installation von Steckdosen und Elektroschaltern möglichst an den Innenwänden einzuplanen.

□ g

Die tragenden Innenwände bestehen ebenfalls aus Fachwerkpfosten 12/12 cm mit einer horizontalen Ausriegelung. Die Verankerung der *Schwelle* erfolgt ähnlich wie bei der *Außenwand* auf der Kellerdecke. Außer im Bereich der *Treppenöffnung* muss dabei nicht auf die Mindestabstände der Schwerlastdübel zum Betonrand geachtet werden.
Die *Schwelle* sollte mindestens so hoch sein, dass der schwimmende Estrich für die *Fußbodenkonstruktion* über einen Randdämmstreifen angeschlossen werden kann. Den einfachsten Abschluss zum Fußboden stellt eine aufgesetzte Sockelleiste dar.
Die elegantere Lösung mit einer bündig angeordneten Sockelleiste verlangt einen größeren Aufwand.

□ h

Die Elektroinstallation wird im Hohlraum der Innenwand geführt, der zur *Schalldämmung* mit einer Platte aus *Mineral-* oder *Kokosfaser* versehen wird. Bei maßhaltiger Tragkonstruktion, z.B. bei Verwendung von Konstruktionsvollholz und einer zusätzlichen horizontalen Ausriegelung kann die *Schalung* direkt aufgebracht werden. Eine *Beplankung* aus Sperrholz- oder *OSB-Platten* ist ebenso denkbar.

Haus A
Außenwand, Decke, Fenster

☐ a

Das bündig in der Fassade sitzende Fenster stellt einen einfachen Übergang zur überlukten *Schalung* dar. Die Befestigung erfolgt in dieser Lage mit Hilfe eines Metallwinkels am Brüstungsriegel. Beim Montageablauf ist darauf zu achten, dass der Winkel vor der weichen *Holzfaserplatte* an der Tragkonstruktion befestigt wird. Die *Winddichtung* lässt sich über eine Beileiste direkt an den Fensterstock anschließen.
Ähnlich erfolgt an der Innenseite der Anschluss der *Dampfbremse* an das Fensterfutter, das als fertiger, umlaufender Rahmen mit dem Fensterstock verbunden wird. Vor dem Anschluss der *Dampfbremse* ist die Fuge zwischen Fensterfutter und Tragkonstruktion sorgfältig mit Dämmstoff auszustopfen, bzw. auszuschäumen.
Um die Luftdichtigkeit zu gewährleisten, ist zusätzlich ein *Fugendichtband* notwendig.

Mit der Einführung der Energieeinsparungsverordnung (EnEV) werden seit Januar 2002 die Anforderungen an die *Außenwand* verschärft. Ausgeführt und nachgewiesen werden muss eine durchgehend winddichte Hülle. Dies gilt für alle Anschlüsse, vor allem für die der Fenster an deren Umfassungen.

☐ b

Die quergespannten, sichtbaren Deckenbalken der Geschossdecke sind über einen *Balkenträger* aus verzinktem Stahlblech verdeckt an dem Fachwerkpfosten befestigt. Um auch in diesem Bereich eine durchgängige *Dampfbremse* zu erhalten, wird bereits bei der Montage der Balkenträger ein Folienabschnitt auf der Tragkonstruktion befestigt, an dem beim späteren Aufbringen der *Dampfbremse* angeschlossen wird.
Zwischen die Balken wird ein Brett auf einer Lattenunterkonstruktion eingepasst. Damit ist ein bündiger Anschluss zur Innenwandverkleidung hergestellt und unterseitig die Fuge der Bohlenschalung zur Tragkonstruktion abgedeckt, die wegen der möglichen Quellbewegung der Bohlen notwendig ist.
Um der Luftschallausbreitung am Deckenrand entgegenzuwirken, muss die Fuge zwischen Fußboden und Wand sorgfältig mit Dämmstoff ausgestopft werden.

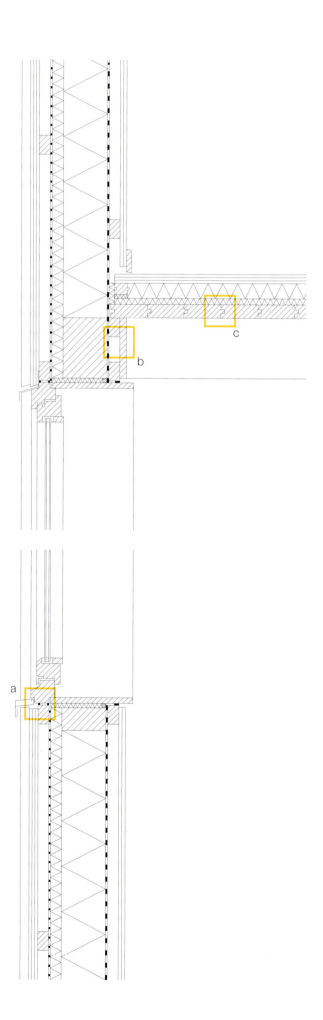

Haus A
Innenwand, Decke, Tür

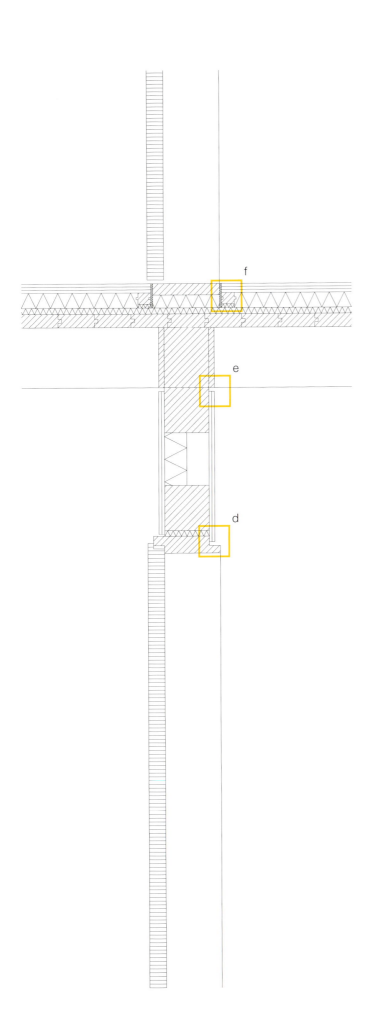

☐ c

Bei dem gewählten Stützenraster von 125 cm für das Gebäude ist eine gespundete Bohlenlage notwendig. Als Deckenaufbau für das Einfamilienhaus genügt ein Dielenboden auf schwimmend verlegten Lagerhölzern mit einer Füllung aus Dämmmaterial. Für Fertigparkett und Bahnenbeläge empfiehlt sich ein fertig aufgebrachter *Trockenestrich* als Tragschicht. Ein höherer Luftschallschutz kann durch eine Trockenschüttung unterhalb der Trittschalldämmung oder durch Beschwerung der Deckenkonstruktion z.B. mit schubfest verklebten Gehwegplatten erzielt werden.

☐ d

Die Fuge zwischen Sturzriegel und Türzarge wird zur besseren *Schalldämmung* der Innenwand mit Dämmstoff ausgestopft. Durch die Fälzung an der Blockzarge wird die Fuge von der Innenwandverkleidung abgedeckt. Mit diesem Detail ist außerdem eine formale Übereinstimmung von Tür- und Fensteranschluss an die Innenschalung erreicht.

☐ e

Die Balken der Geschossdecke liegen auf dem Rähm der Innentragwand.
Der Raum zwischen den Deckenbalken wird mit einem zusätzlichen Riegel in der Höhe der Balken geschlossen. Damit ist die Möglichkeit gegeben, ähnlich wie an der *Außenwand*, dieses Feld mit einem Brett abzudecken.

☐ f

Im Fußboden wird die Blockzarge durch eine *Schwelle* verbunden. Dadurch ist nicht nur eine bessere Stabilität beim Transport der Türzarge gegeben, sondern vor allem die Möglichkeit, die Bodenbeläge anzuarbeiten, ohne sie in die Türleibung einpassen zu müssen.
Um auch hier die notwendige *Trittschalldämmung* zu erreichen, wird die *Schwelle* über einen Dämmstreifen auf die Bohlen aufgesetzt. Die Fuge zwischen *Schwelle* und Dielen wird mit einem Korkstreifen geschlossen, der die Maßänderung der Materialien aufnehmen kann.

15

Haus A
Außenwand, Decke, Traufe

□ a

Als Dachhaut ist eine Blechdeckung vorgesehen, die mit Doppelstehfälzen auf einer *Trennlage* verlegt ist. Sollte die *Trennlage* als Vordeckung benötigt werden, müsste ein widerstandsfähigeres Material mit entsprechender Verlegung verwendet werden. Der Sparrenabstand ist mit 62,5 cm gewählt und nimmt Bezug auf das Stützenraster von 125 cm. Mit der Verwendung einer Platte aus wasserfest verleimtem *Sperrholz* an Stelle der gehobelten *Schalung* lässt sich der Überstand der Dachhaut über das Sparrenende an der Traufe vergrößern. Auf einen *chemischen Holzschutz* nach DIN 68 800 kann verzichtet werden. Das Maß des Überstandes muss auf die Länge des Rinnenhalters abgestimmt werden, da dessen Befestigung am Sparren erfolgen soll. Die Breite der Platte ergibt sich aus der abfallfreien Verwertung eines Plattenstandardformates z.B. durch Viertelung einer 125 cm breiten Platte.

□ b

Die Dachdecke ist wie die Deckenbalken der Geschossdecke konstruiert und wie diese über *Balkenträger* an den Fachwerkpfosten befestigt. Auf die Deckenschalung aus profilierten Bohlen werden die *Dampfbremse* und die *Wärmedämmung* abschnittsweise im gleichen Takt mit der Dachschalung vom Zimmerer aufgebracht und mit einer wasserabweisenden, diffusionsoffenen *Winddichtung* abgedeckt. Durch den giebelseitigen Dachüberstand ist für die auskragende Fußpfette eine relativ große Querschnittshöhe notwendig. Auf die Befestigung der *Winddichtung* auf der Fußpfette ist zu achten.

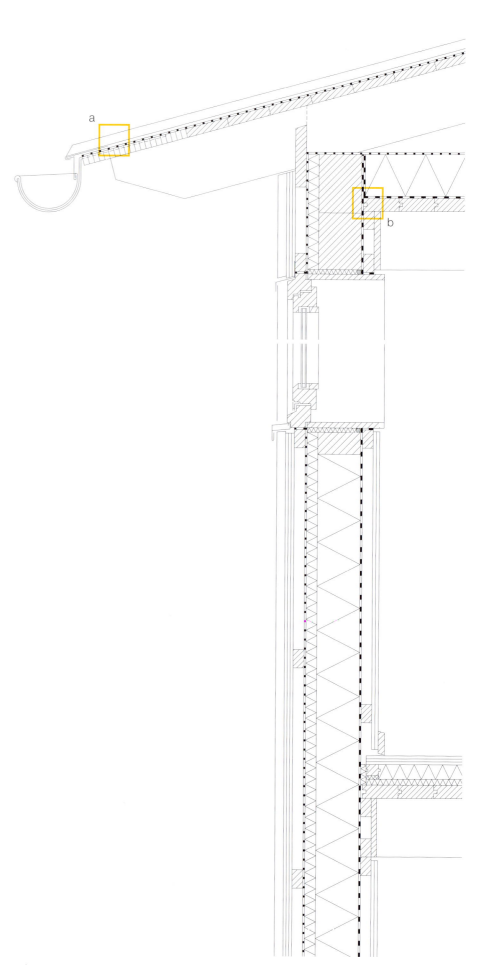

Haus A
Außenwand, Decke, Ortgang

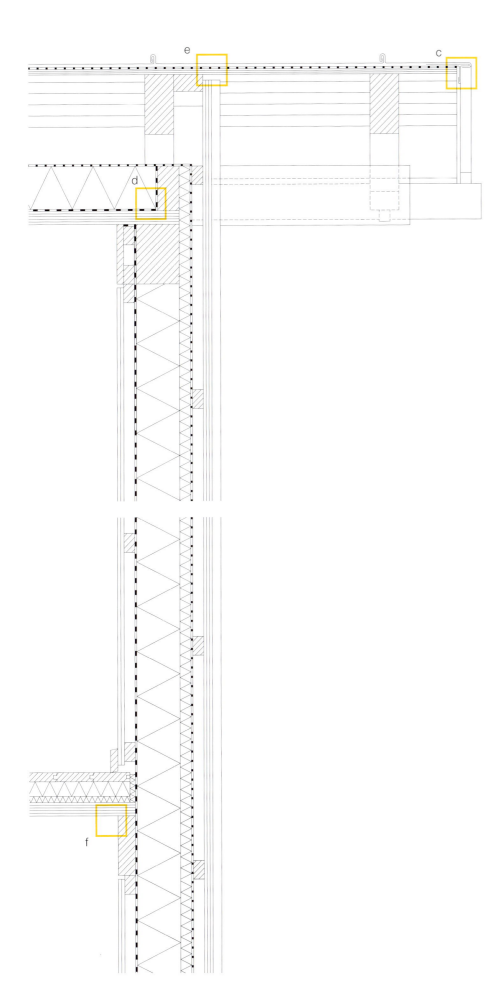

☐ c

Um einen möglichst schmalen Dachrand zu erhalten, ist der Blechfalz am Ortgang waagrecht umgelegt und mit einer Tropfnase an der überstehenden Dachschalung über Haften befestigt. Durch die niedere Gebäudehöhe ist eine Scharbreite des Blechs von 62,5 cm möglich, und somit die Abstimmung der Doppelstehfälze auf die Sparrenordnung, die dem halben Stützraster entspricht.

☐ d

Im Giebelbereich wird der Aufbau der *Außenwand* nur bis zur Dachdecke geführt. Der Dachraum bleibt nach außen ungedämmt. Um am Übergang von Wand zur Decke die Dämmung, *Winddichtung* und *Dampfbremse* anschließen zu können, ist auf der Deckenschalung ein Randbalken aufgelegt, der auch an den beiden Längsseiten die Möglichkeit bietet, die einzelnen Schichten anzuschließen.

☐ e

Die senkrechte Außenschalung geht bis zur Unterkante der Dachschalung weiter und wird an eine Bohle geschraubt, die unterseitig an der Dachschalung entlang des Randsparrens läuft. An diesem Rand kann über den nach oben offenen Lüftungsquerschnitt der überlukten *Schalung* die Luft sowohl aus dem Kaltdach, als auch aus der Wandkonstruktion austreten.

☐ f

Als Auflager für die tragende Deckenschalung an der Giebelwand genügt eine senkrechte Bohle, die seitlich an die Fachwerkpfosten angeschlossen ist.

Haus A
Außenwand, Ecke, Installationsschacht

☐ a

Die Außenecke der überlukten *Schalung* lässt sich relativ einfach durch einen stumpfen Stoß der Deckbretter herstellen. Die Befestigung der Bretter auf der horizontalen Lattung erfolgt mit *Nägeln* oder *Schrauben* aus Edelstahl (nur in Ausnahmen verzinkt), um Korrosionsfahnen auf den *Schalung*sbrettern zu vermeiden. Dabei wird jedes Brett für sich selbst befestigt, um Spannungen beim Quellen und Schwinden zu verhindern.
Die *Winddichtung* wird durch Überlappung, bzw. Verklebung über Eck geführt.

☐ b

Üblicherweise werden bei der überlukten *Schalung* gleiche Brettbreiten verwendet. Die Überdeckung der inneren durch die äußeren Bretter, an beiden Seiten ca. 25 mm, ergibt unterschiedliche Ansichtsbreiten. In diesem System können maßliche Toleranzen aufgenommen und die Anschlüsse an Türen und Fenster ohne Sonderbreiten hergestellt werden. Eine sorgfältige Planung der Fassade und Abstimmung aller Maße auf die Bretteinteilung ist aber in jedem Fall notwendig.

Bei der fassadenbündigen Lage des Fensters wird an den seitlichen Fensterstock so angeschlossen, dass das Deckbrett der überlukten *Schalung* die Fuge zwischen Stock und Wandaufbau abdeckt. Der Fensterstock braucht dafür seitlich nicht gefälzt werden. Die bauphysikalische Verbindung (*Winddichtung, Dämmung, Dampfbremse*) zur Wandkonstruktion erfolgt analog zum Anschluss des Fensters an Sturz und Brüstungsriegel.

☐ c

Für den Installationsschacht ist eine Unterkonstruktion aus Pfosten 6/20 oder 8/20 cm notwendig, möglichst im halben Rasterabstand der *Außenwand*, um die Spannweite der *Beplankung* zu verringern. Die Fliesen werden auf *Gipsfaserplatten* oder imprägnierten *Gipskartonplatten* (Kennfarbe grün) aufgeklebt.

Die Befestigung von Sanitärgegenständen muss bei Lage und Dimensionierung der Pfosten und Riegel berücksichtigt werden. Bei einem Rippenabstand über 40 cm sind zwei Lagen *Gipskartonplatten* notwendig.

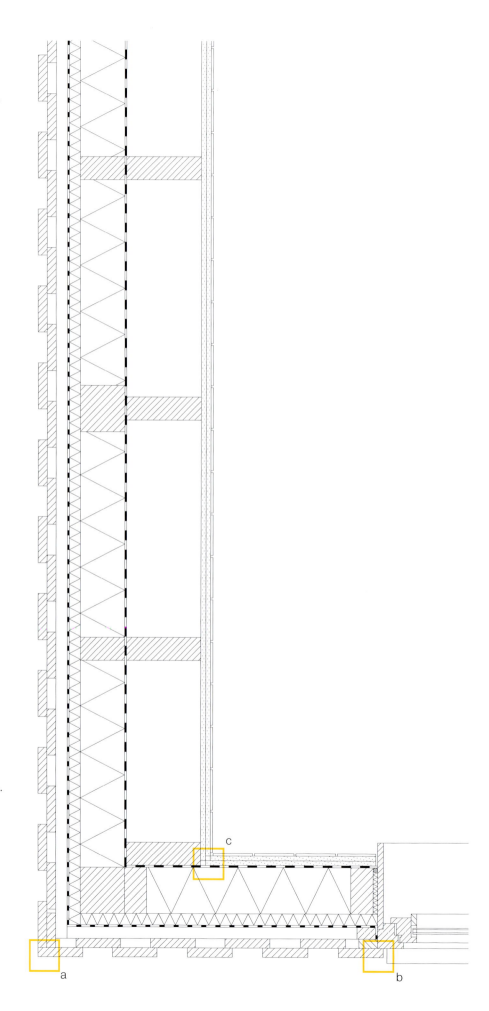

Haus A
Gebäudetrennwand

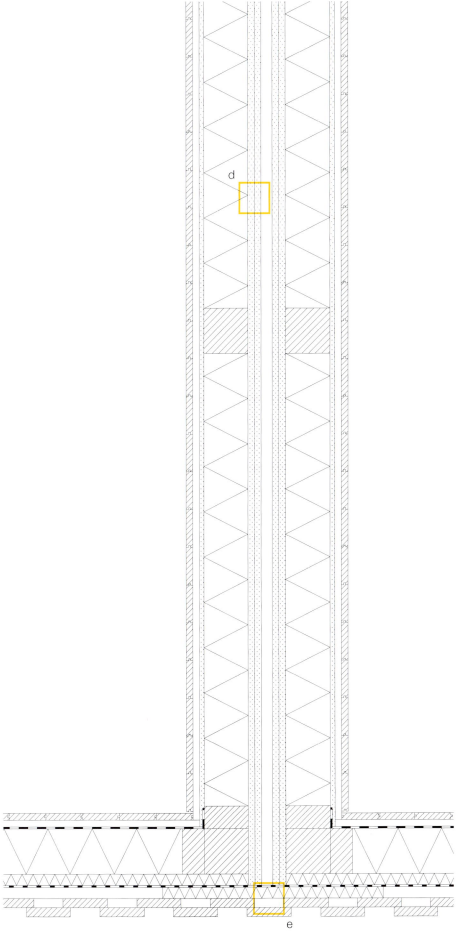

Die *Dampfbremse* wird auch im Bereich des Schachtes an der Innenseite der Tragkonstruktion aufgebracht. Auf diese Weise lassen sich unnötige Durchdringungen der *Dampfbremse* durch Installationsleitungen vermeiden.

Innerhalb des Installationsschachtes geht die Deckenkonstruktion durch. Für die vertikale Führung der Leitungen muss die Deckenschalung in der Größe der Leitungsrohre durchbohrt bzw. ausgeschnitten werden.

☐ d

Nach Bauordnung und DIN 4102 ist an die Gebäudetrennwand eine Brandschutzforderung F-30 B für innen und F-90 B für außen gestellt.
Dies wird auf der Innenseite durch eine einlagige *Beplankung* mit einer *Gipskartonfeuerschutzplatte* 12,5 mm erreicht, auf der Außenseite ist eine zweilagige *Beplankung* mit *Gipskartonfeuerschutzplatten* (2 × 18 mm) notwendig. Beim Reihenhaus gilt diese Forderung für beide Gebäude. Für die Montage bedeutet dies, dass die außenseitige *Beplankung* einer Gebäudeseite vor dem Aufstellen der Wand aufgebracht werden muss.

Die Trennfuge der beiden Häuser bleibt aus *Schallschutzgründen* unverfüllt. Auf die *Dampfbremse* und die *Winddichtung* kann in der Trennwand verzichtet werden. Insgesamt stellt dieser Wandaufbau aber eine relativ aufwendige Konstruktion dar, für die es allerdings im Holzbau kaum anerkannte Alternativen gibt.

☐ e

Beim Reihenhaus handelt es sich nach Bauordnung um ein Gebäude geringer Höhe, dessen Gebäudetrennwände wie Brandwände aufgebaut werden müssen. Außenseitig kann die F-90 *Beplankung* an der Innenseite der überlukten *Schalung* enden. Der Hinterlüftungsraum der *Schalung* muss allerdings mindestens auf der Breite der gesamten Trennwand mit einer nicht brennbaren Dämmung, z.B. *Mineralfaser* geschlossen werden. Die Schalungsbretter selbst können über die Gebäudefuge ohne Unterbrechung weitergeführt werden.

Haus B

Haus B

Haus B

22 Außenwand, Sockel
23 Innenwand, Bodenplatte
24 Außenwand, Fundament
25 Innenwand, Fundament
26 Außenwand, Decke, Fenster
27 Innenwand, Decke, Tür
28 Außenwand, Traufe
29 Außenwand, Ortgang
30 Außenwand, Ecke
31 Gebäudetrennwand

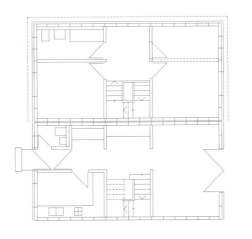

Haus B
Außenwand, Sockel

☐ a

Eine »schwimmende« Gründung mit einer tragenden Stahlbetonplatte auf Frostschutzkies setzt Vorklärungen über Art und Tragfähigkeit des Untergrunds voraus, so z.B. einen schnell dränenden Baugrund, dicht gelagert und tragfähig. Der darauf aufgebrachte ca. 40 cm hohe Bodenaustausch aus sauberem Kies wird sorgfältig verdichtet und mit einer Sauberkeitsschicht von 5–10 cm Beton der Güte B 5 abgedeckt, auf der dann die bewehrte Bodenplatte aus B 25 gegossen wird.

☐ b

Die Bodenplatte ist auf der Raumseite unter dem Estrich mit einer *Wärmedämmung* zu versehen. Eine Schwachstelle stellt der Übergang zur *Außenwand* dar. Diese könnte dem geplanten Dämmstandard entsprechend durch eine feuchtigkeitsunempfindliche *Wärmedämmung* weiter reduziert werden, die auf der Vorderseite der Bodenplatte angebracht und mit einer ebenen *Faserzementplatte* oder mit Betondachsteinen abgedeckt wird.

☐ c

Für den Anschluss der vorgefertigten Außenwandelemente wird eine *Schwelle* aufgelegt, ausgerichtet, unterlegt und mit Beiwinkeln und *Dübeln* oder mit Ankerschrauben auf der Betonplatte befestigt. Der Zwischenraum zwischen *Schwelle* und Bodenplatte wird mit Quellmörtel ausgefüllt. Die besonders gefährdete *Schwelle* ist nach der *Gefährdungsklasse* 2 zu schützen. Anstelle eines *chemischen Holzschutzes* kann auch eine resistentere Holzart verwendet werden.
Die *Feuchtigkeitsabdichtung* auf der Bodenplatte wird mit der Abdichtung unter der *Schwelle* verklebt bzw. verschweißt, bevor die *Beplankung* aus *Gipskarton* auf die innen offenen Elemente aufgebracht wird.

☐ d

Da das Montieren von gedämmten und beidseitig beplankten, also »geschlossenen«, Wandelementen im Sinne des Fertighausbaus eine bauaufsichtliche Zulassung voraussetzt, ist es bei den meisten Holzkonstruktionen gebräuchlich, die außenseitig mit *Sperrholz-* oder *Gipskartonplatten* beplankten Elemente (Rippen NH 6 × 12 bis 6 × 16 cm je nach Dämmstandard) innen offen zu montieren.

Dieses Vorgehen erleichtert die konstruktiven Verbindungen mit *Schwelle* und *Decke* ebenso wie die Kopplung der Wandelemente.
Sollen die *Beplankungen* zur Aussteifung herangezogen werden, so ist auf die bauaufsichtliche Zulassung zu achten.
Die Elemente werden am Bau verschraubt, dann mit *Wärmedämmung* und *Dampfbremse* versehen und innenseitig mit Platten aus *Gips* oder *Holzwerkstoffen* beplankt.

Wird die Innenbeplankung direkt auf die Rippen aufgebracht, so bedarf es einer sorgfältigen Planung der Haustechnik, vor allem der Elektroinstallation. Wenn Steckdosen in der *Außenwand* nicht zu vermeiden sind, so sind Schutzdosen mit Kleberand zu verwenden, die sorgfältig mit der *Dampfbremse* verklebt und außen gedämmt werden müssen.

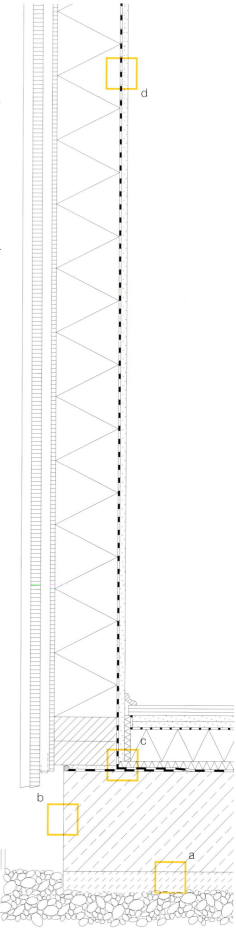

Haus B
Innenwand, Bodenplatte

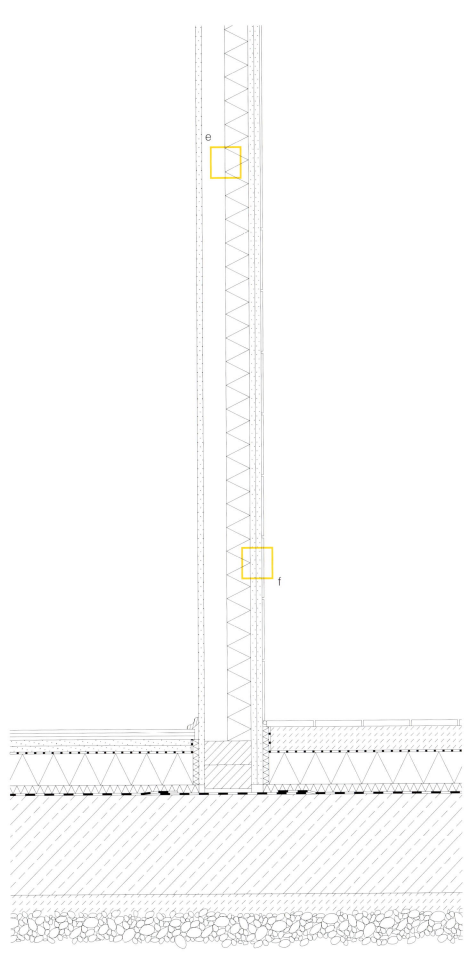

☐ e

Die Elementhöhe entspricht der Raumhöhe, die ihrerseits auf die Standardplattenmaße abgestimmt sein sollte. Die Elementlänge kann nach den Möglichkeiten des Transports und der Montage festgelegt werden und die gesamte Hausbreite einnehmen.

Den gebräuchlichen Abmessungen der Plattenwerkstoffe und *Bauhölzer* folgend, bestehen die Innenwandelemente aus Rippen, *Nadelholz* 6/12 cm, a = 62,5 cm, die wie die Außenwandelemente zunächst einseitig beplankt und nach Montage und Installation mit Platten aus *Gips* oder *Holzwerkstoffen* versehen werden.
Im Hohlraum wird eine min. 30–40 mm besser 60 mm dicke *Schalldämmung* aus *Mineral-* oder *Kokosfaser* eingebaut, falls der Zwischenraum zwischen den Rippen nicht vollständig mit einer Schüttung aus *Blähglimmer*, *Zelluloseflocken* o.ä. gefüllt wird.
Erhöhte *Schalldämmwerte* sind mit doppelten *Beplankungen* oder zusätzlichen »schwimmend« aufgebrachten Plattenverkleidungen mit elastischen Wandanschlüssen zu erzielen.

☐ f

Für Feuchträume sind entsprechend verleimte *Holzwerkstoffplatten* bzw. imprägnierte *Gipskartonplatten* (Kennfarbe grün) zu verwenden. *Gipsfaserplatten* sind ohne Zusatzbehandlung feuchtraumgeeignet. Für Verfliesungen sind zwei Lagen *Gipskartonplatten* erforderlich, wenn der Rippenabstand von ca. 42 cm überschritten wird.

Das Schwindmaß der liegenden Hölzer ist bei den Anschlüssen der *Beplankungen* zu berücksichtigen. Es ist jedoch aufgrund der verwendeten Holzquerschnitte gering und kann durch die Verwendung vorgetrockneter Hölzer weiter reduziert werden.

Haus B
Außenwand, Fundament

□ a

Ein anderer, für den Holzbau als »trockener« Montagebau vielleicht sogar konsequenterer Ansatz ist eine *Fußbodenkonstruktion* mit hoch wärmegedämmten, beidseits beplankten Elementen aus Rippen ca. 6 × 20 cm nach Statik und Dämmstandard. Die aufgehenden Wände werden auf die ausgerichteten und befestigten Fußbodenelemente aufgesetzt. Für die unterseitige *Beplankung* sind z.B. *zementgebundene Spanplatten* oder *Faserzementplatten* geeignet.

Der Hohlraum zwischen Auffüllung und Elementunterseite ist dauerhaft zu durchlüften. Dies ist durch entsprechend große Öffnungen mit Gittern auf beiden Seiten des Reihenhauses sicherzustellen.

□ b

Dem Prinzip des trockenen Ausbaus folgend, sollte ein schwimmender Trockenestrich aus *Holzwerkstoff-* oder *Gipskarton-/Gipsfaserplatten* eingebaut werden. Die *PE-Folie* unter der *Trittschalldämmung* dient zugleich als *Dampfsperre* und *Winddichtung*.

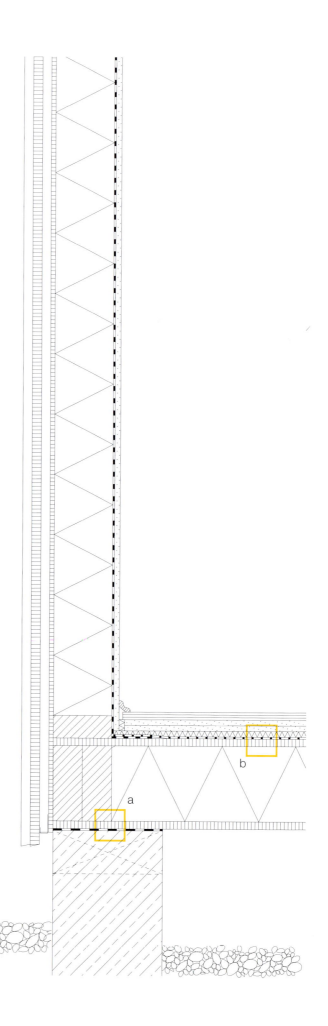

Haus B
Innenwand, Fundament

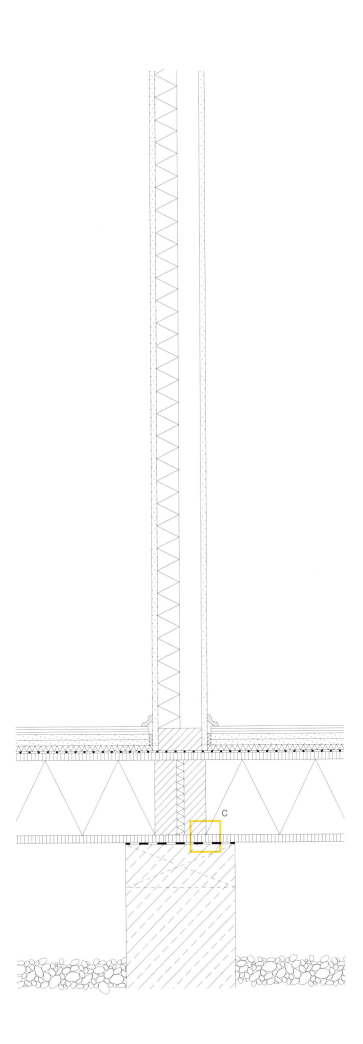

□ c

Auf die frostfreie Gründung der geschalten oder gegen Erdreich betonierten Streifenfundamente kann bei Innenwänden verzichtet werden. Ihre Lage bestimmt sich nach der Aufteilung der Bodenelemente und den tragenden Innenwänden. Die Bodenelemente sind als Scheibe auszubilden und mit zugelassenen *Dübeln* oder Beiwinkeln und Steinschrauben in den Fundamenten zu verankern. Ein evtl. erforderlicher Höhenausgleich kann mit Streifen aus *Sperrholz* AW 100 oder Quellmörtel erfolgen. Zwischen den Bodenelementen und den Fundamenten ist eine *Feuchtigkeitsabdichtung* z.B. aus Polymerbitumen- oder *Kunststoffbahnen* einzulegen, um Schäden durch Baufeuchte zu verhindern. Der Elementstoß sollte mit Dämmstreifen und *Fugendichtungsbändern* versehen werden.

Haus B
Außenwand, Decke, Fenster

☐ a

Mit dem oberen Rähm werden die Wandelemente zusammengefasst und ausgerichtet.
Die Decke aus *Brettstapelelementen (BSD)* oder brettschichtverleimten Elementen *(BSH)*, wird in Elementbreiten zwischen 60 und 250 cm *(BSD)* bzw. 62,5 bis maximal 100 cm *(BSH)* aufgelegt und angeschraubt. Bei der Wahl der Elementbreite ist die Montage wie auch das Schwinden zu beachten.
Der Witterungsschutz während der Bauphase ist besonders für die massiven Elemente dauerhaft zu gewährleisten, um Schäden durch Feuchtigkeit und Quellen zu vermeiden.
Eine eventuell erforderliche Scheibenwirkung ist durch eine schubfeste Verbindung der Elemente herzustellen.

☐ b

Von entscheidender Bedeutung für die Funktion der leichten, hochwärmegedämmten Holzwand ist ein in der Praxis ausführbarer und kontrollierbarer wind- und luftdichter Anschluss der *Dampfbremse* der Wandelemente am Deckenrand. Entsprechend lange Abschnitte aus flexiblen und dampfdiffusionsoffenen *Kunststoffbahnen* werden um die Stirnseite der Decke geführt und auf deren Oberseite mit den Bahnen der *Dampfbremse* der aufgesetzten Wandelemente zusammengeschlossen.

☐ c

Es wird vom gewählten Montagesystem und dem Zeitpunkt des Aufbringens der Außenwandverkleidung abhängen, ob die oberflächenfertigen Fenster in der Werkstatt oder am Bau montiert und ob sie mit oder ohne Verglasung eingebaut werden.
Der Anschluss des Fensters an die Konstruktion erfolgt mit einem am Fensterrahmen befestigten Abschnitt aus dampfdichtem, elastischen Kunststoff.
Die Fuge zwischen Sturzriegel und Fensterrahmen ist aus Gründen der Montage sowie zur Aufnahme von Toleranzen und Bewegungen notwendig. Sie ist mit Dämmstoff *(Mineralfaser/Mineralwolle, Schafwolle...)* auszustopfen und mit einem vorkomprimierten *Fugendichtband* bzw. mit einem dauerelastischem Dichtstoff zu verschließen. Dabei sind die erhöhten Anforderungen aus der Energieeinsparverordnung (EnEV) zu beachten (siehe auch S.14a).

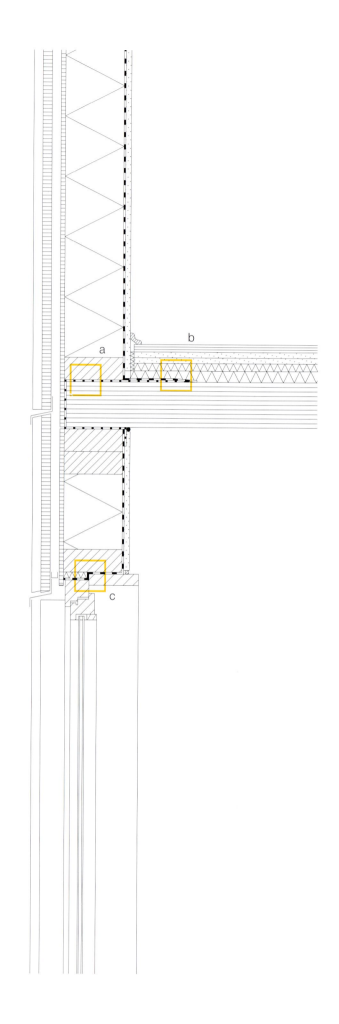

Haus B
Innenwand, Decke, Tür

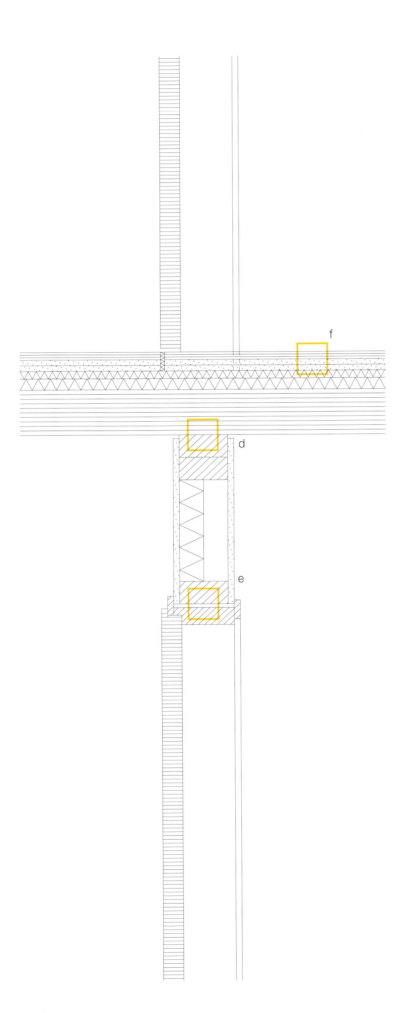

□ d

Der Deckenanschluss der Innenwände entspricht in Konstruktion und Montage dem der Außenwände. Die Probleme des Anschlusses von *Dampfbremse* und *Winddichtung* entfallen.

□ e

Für die Fuge zwischen Sturzriegel und Türrahmen gilt das zum Fensteranschluss Gesagte (Punkt c). Die besonders schwierig zu bewältigenden bauphysikalischen Anforderungen aus Wärme, Feuchte und Wind entfallen.

□ f

Der Fußbodenaufbau, bestehend aus Parkett, *Trockenestrich* und *Trittschalldämmung*, wird um eine »Installationsschicht« von ca. 3 cm Dicke vergrößert, um der zunehmenden Zahl auf der Decke verlegter Leitungen Rechnung tragen zu können. Dem Problem der Leitungskreuzungen kann nur durch sorgfältige Planung der Leitungstrassen begegnet werden. Auch bei diesem vergleichsweise »schweren« Deckenaufbau sind weitere Maßnahmen zur Verbesserung des Luftschalls etwa durch Aufbringen von Sandwaben möglich.

Haus B
Außenwand, Traufe

☐ a

Die Dachdecke aus *BSD*- oder *BSH*-Elementen wird dem Auflager angepasst und mit der *Schwelle* verschraubt. Wie bei der Geschossdecke wird ein Abschnitt der dampfdiffusionsoffenen *Kunststoffbahn* um den Kopf der Dachdecke herumgeführt und mit der *Dampfbremse* auf der Dachdecke verbunden. Die Enden der Bahnen werden verklebt, mindestens aber weit überlappt und fixiert.

☐ b

Die Dicke der *Wärmedämmung* bestimmt die Höhe der Kontersparren.
Die Abdeckung der Dämmung mit einem dampfoffenen wasserabweisenden Papier oder einer gleichwertigen *Kunststoffbahn* sorgt dafür, dass evtl. eingedrungener Niederschlag (Regen, Flugschnee...) oder »sekundäres Tauwasser« (bei Wetterwechsel oder kalten Nächten auf der Unterseite der nicht saugenden Dachdeckung) abgeleitet werden kann und den Dämmwert nicht herabsetzt.
Unterlüftung und Entwässerung sind durch die Konterlattung und eine Dreikantleiste aus Lochblech sicherzustellen, die mit Haften auf dem Traufblech befestigt wird.
Das Traufblech liegt auf einem Sperrholzstreifen auf, für den die Kontersparren ausgeschnitten werden. Zur Verschraubung der bündig eingelassenen Rinnenhalter ist eine durchgehende Traufbohle angeraten.

☐ c

Dimensionen und Abstände der Sparrenpfetten richten sich nach der gewählten Wellplattendeckung.

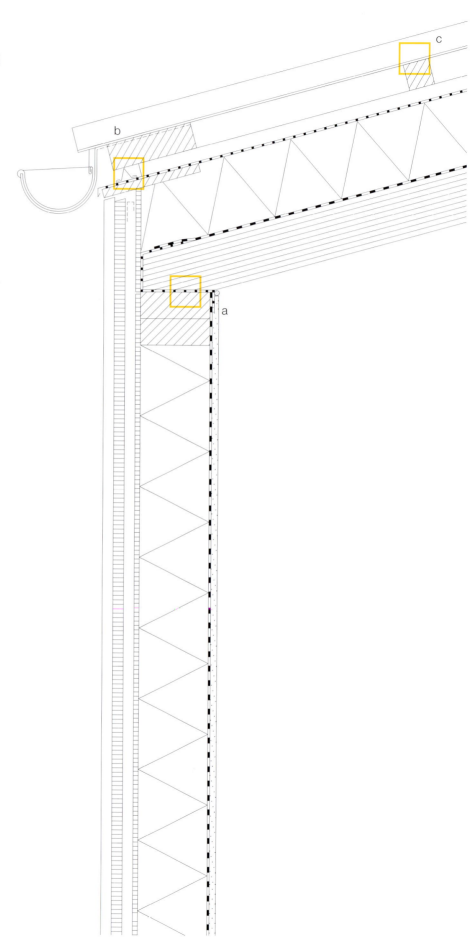

Haus B
Außenwand, Ortgang

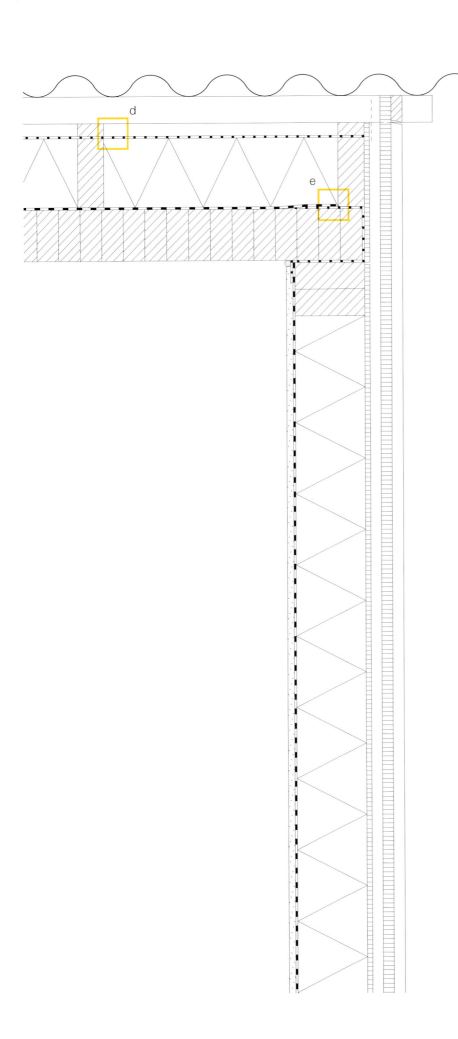

□ d

Die Breite der *Dämmplatten* ist etwas größer zu wählen als der lichte Abstand der Kontersparren, um durch den leicht gepressten Einbau der *Wärmedämmung* dem Schwinden des Holzes entgegenzuwirken.
Die Teilung der Unterkonstruktion in Kontersparren und Konterlattung ermöglicht die ebene Durchführung der dampfoffenen Schutzlage und sichert deren Befestigung.

Je nach Anforderung an die Wärmedämmung des Daches gilt es, die in diesem Beispiel dargestellte Wärmebrücke des durchgehenden Sparrens mit Hilfe einer zweiten Dämmschicht zu vermeiden. Dazu kommt eine horizontal verlaufende Konterlattung mit zwischenliegender Dämmung unter der Folie in Frage oder das Aufbringen einer durchgängigen Schalung aus bituminierten *Holzfaserplatten (BPH)*, die gleichzeitig die Funktion der Schutzlage übernehmen kann.

□ e

Die Effizienz der verschiedenen Dämmmaßnahmen und die Gebrauchsfähigkeit eines Hauses hängen in hohem Maß davon ab, dass die den verschiedenen Beanspruchungen (Wärme, Feuchte, Luft) zugeordneten Schutzschichten an allen Anschlüssen konsequent und sicher, aber auch durchführbar und kontrollierbar angeschlossen werden.

Durch die Speicherwirkung der schweren Deckenelemente kann der sommerliche Wärmeschutz verbessert werden.

Haus B
Außenwand, Ecke

☐ a

Dem Achsabstand von 62,5 cm der Unterkonstruktion folgend, können die meist 125 cm breiten Sperrholzplatten in Plattenmitte und an den Rändern angeschraubt werden. Die Breite der Deckleisten ist dann so zu dimensionieren, dass die erforderlichen Randabstände der *Schrauben* eingehalten und die Schraubenköpfe gut abgedeckt werden. Schmälere Deckleisten sind nur dann möglich, wenn die Befestigung der Fassadenplatten auf andere Weise gesichert ist (z.B. durch die Verschraubung auf einer enger stehenden Unterkonstruktion) und die Plattenränder durch die verschraubten Deckleisten nur noch geklemmt werden müssen.

Der Verzicht auf die sichtbare Verschraubung mit Schattenfuge, Fugendichtungsband und entsprechend breiter Unterkonstruktion entspricht zwar dem Wesen der großflächigen glatten Sperrholzverkleidung, legt jedoch die Plattenränder frei. Damit sind die Wasseraufnahme und evtl. Schäden bzw. Bewegungen durch Quellen und Schwinden kaum zu vermeiden.
Als vorbeugende Schutzmaßnahmen wären zu nennen: die Reduzierung der Wetterbelastung z.B. durch sinnvolle Orientierung des Hauses, große Dachüberstände oder auskragende Balkonplatten, sowie die wasserabweisende Behandlung der Kanten. Da diese Vorkehrungen in diesem Beispiel nicht gegeben sind, wurde der unempfindlichere und sichere Stoß mit Deckleisten gewählt.

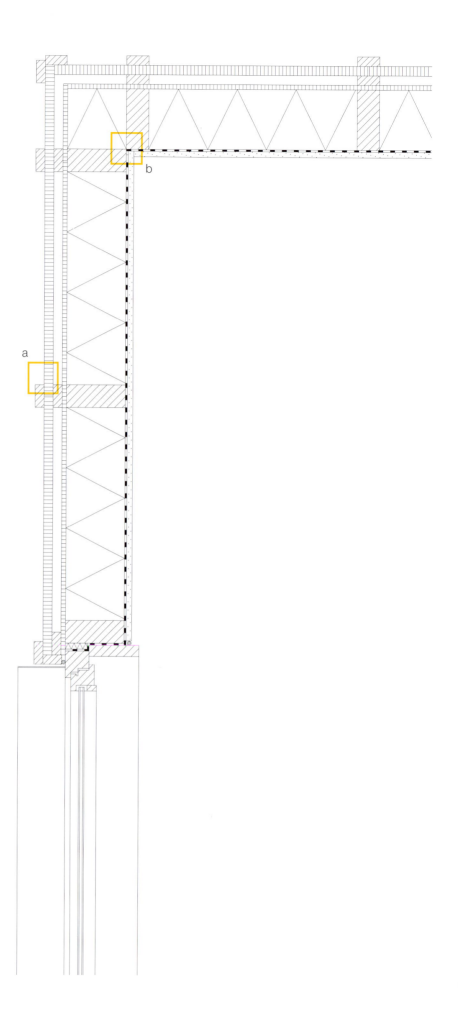

Haus B
Gebäudetrennwand

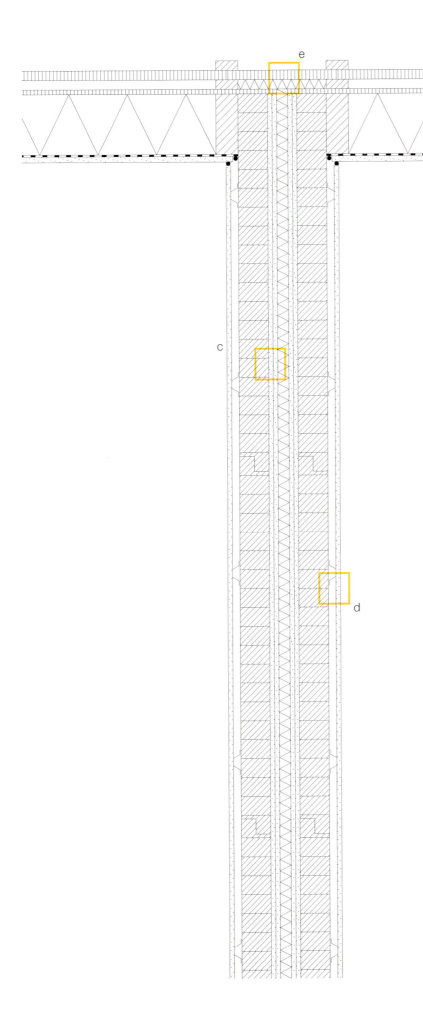

☐ b

An der Ecke findet der Elementstoß statt. Die hier dargestellte Eckausbildung weicht vom gebräuchlichen Standard der Holzrahmenbauweise ab. Sie erlaubt jedoch ein problemloses Verbinden der Elemente im nach außen offenen Eckstoß. Nach der Verschraubung wird die Ecke mit einem vorgefertigten, wärmegedämmten mit Metallwinkel verbundenen Eckelement von außen geschlossen.
Die erhöhten bauphysikalischen Anforderungen an die exponierte Außenecke als geometrische Wärmebrücke sind durch die besonders sorgfältige Ausführung von *Wärmedämmung* und *Dampfbremse* sicherzustellen: Durch hohlraumfreies Füllen mit Wärmedämmstoff (Ausstopfen, Einblasen...) und durch das Aufbringen eines Winkel-Klebebandes aus z.B. Buthyl unter dem überlappt ausgeführten Stoß der *Dampfbremse* (genagelt/geklammert und verklebt).

☐ c

Die Forderungen der Bauordnung bzw. der DIN 4102 T-4 nach einem Feuerwiderstand von Gebäudeabschlusswänden mit F 30-B (innen) und F 90-B (außen) können anders als bei Haus A mit *Brettstapel- bzw. Brettschicht-Elementen* erfüllt werden, die außenseitig entsprechend zu beplanken wären. Diese Konstruktion müsste dann geprüft und im Einzelfall zugelassen werden. Ebenso der Verzicht auf die Luftschicht zwischen den Gebäudeabschlusswänden und deren Ersatz durch einen elastischen *Dämmstoff* (z.B. Baustoffklasse A, Schmelzpunkt > 1000° C).

☐ d

Der erforderliche *Schallschutz* (erf. Rw = 57 dB bzw. 67 dB für den erhöhten *Schallschutz*) wäre zu prüfen und könnte ggf. durch eine innere Vorsatzschale aus *Gipskartonplatten* auf Federbügeln noch weiter verbessert werden.

☐ e

Die Gebäudetrennfuge muss bis an die Außenkante der *Außenwand* durchgeführt werden.
Die Breite der Hinterfüllung mit nicht brennbaren Dämmmaterial wäre mit der zuständigen Behörde festzulegen.

Produkte

Produkte

Produkte

Holz
34 Vollholz
35 Konstruktionsvollholz
36 Brettschichtholz
37 Brettstapelelement
38 Bretter/Bohlen
39 Profilbretter

Holzwerkstoffe
40 Stab- und Stäbchensperrholz
41 Drei- und Fünfschichtplatte
42 Bau-Furniersperrholz
43 Furnierschichtholz
44 Furnierstreifenholz
45 Spanstreifenholz
46 Oriented Strand Board
47 Holzfaserplatten
48 Flachpressplatten
49 Strangpressplatten
50 Zementgebundene Spanplatten

Bauplatten
51 Faserzementplatten
52 Gipskartonplatten
53 Gipsfaserplatten

Dämmstoffe
54 Holzfaser
55 Bituminierte Holzfaser
56 Kork
57 Polystyrol expandiert
58 Polystyrol extrudiert
59 Polyurethan
60 Mineralfaser
61 Schafwolle/Baumwolle
62 Flachs/Hanf
63 Kokos
64 Zellulose
65 Perlite/Blähton

Baupapiere und Folien
66 Dampfbremse/Dampfsperre
67 Feuchtigkeitsabdichtungen
68 Produktübersicht

Verbindungsmittel
70 Dübel
71 Stabdübel/Bolzen
72 Schrauben/Klammern
73 Nägel/Nagelplatten
74 Stahlblechformteile

76 Holzschutz

78 Fugendichtbänder

Holz
Vollholz

Vollholz (VH)

DIN 1052-1
DIN 4074-1
DIN 68365
DIN EN 350-2
Wärmeleitfähigkeit:
  λ_R = 0,13 W/mK
Dampfdiffusionswiderstand:
  μ = 40
Rohdichte: abhängig von der Holzart
  ρ = 450–800 kg/m^3
Berechnungsgewicht nach DIN 1055-1:
  4–6 kN/m^3
Baustoffklasse:
  B 2
Wärmespeicherzahl:
  S = 350 kJ/m^{3}K
Holzfeuchte:
  als trockenes Bauholz < 20%
Quell- und Schwindmaße
je % Holzfeuchteänderung:
  0,24% quer zur Faser

Holzarten gebräuchlich
• Fichte
• Tanne
• Kiefer
• Lärche
• Douglasie

Abmessungen
Querschnittsmaße für Vorratskantholz (cm):
  6/6, 6/8, 6/12,
  8/8, 8/10, 8/12, 8/16
  10/10, 10/12, 10/20, 10/22
  12/12, 12/14, 12/16, 12/20, 12/24
  14/14, 14/16,
  16/16, 16/18, 16/20,
  18/22
  20/20, 20/24
Längen:
  Nach den Einschnittmöglichkeiten der
  Sägewerke bis zu 16 m.

Material
• Vollholz ist entrindetes Rundholz und Bauschnittholz (Kanthölzer, Bohlen, Bretter und Latten) aus Nadel- und Laubholz.
• Bauholz ist Rund- oder Schnittholz. Die Querschnitte tragender Bauteile sind nach der Tragfähigkeit des jeweiligen Bauholzes zu bemessen.
• Bauschnitthölzer sind Latten, Bohlen, und Kanthölzer aus Nadelholz. Nach dem Verhältnis von Dicke zu Breite werden folgende Schnittholzarten unterschieden:

	Dicke d Höhe h [mm]	Breite b [mm]
Latte	d ≤ 40	b < 80
Brett	d ≤ 40	b ≥ 80
Bohle	d > 40	b > 3d
Kantholz	b ≤ h ≤ 3b	b > 40

Anwendung
Bauschnittholz aus Nadelholz darf in allen Gebieten des Bauwesens verwendet werden. Bei der Verwendung von tragenden Hölzern im Freien ist der erforderliche konstruktive und ggf. chemische Holzschutz zu beachten. Um die Schwankungen der Holzfeuchte und damit nachteilige Folgen für eine Konstruktion durch Schwinden oder Quellen so gering wie möglich zu halten, soll Holz möglichst mit dem Feuchtegehalt eingebaut werden, der im Gebrauchszustand zu erwarten ist.

Gebrauchsfeuchte:
bei allseits geschlossenen Bauwerken mit Heizung
  9 ± 3%
ohne Heizung
  12 ± 3%
bei überdeckten, offenen Bauwerken
  15 ± 3%
bei Konstruktionen, die der Witterung allseitig ausgesetzt sind
  18 ± 6%

Für Ausschreibung und Bestellung:
• Schnittholzart
• DIN
• Sortierklasse
• Holzart
• Schnittholzklasse
• Holzfeuchte
• Dicke/Höhe
• Breite
• Länge
Abrechnung nach lfm/m^3

Sortierung
Bauholz, das nach seiner Tragfähigkeit zu bemessen ist, muss vor der Verwendung nach der Tragfähigkeit maschinell sortiert werden.
• Bei der maschinellen Sortierung werden je nach Sortierverfahren Elastizitätsmodul, Rohdichte, Ästigkeit und Faserabweichung erfasst. Danach werden Schnitthölzer einer Sortierklasse zugeordnet.
Sortierklasse maschinell:
MS 7, MS 10, MS 13, MS 17
• Bei der visuellen Sortierung sind folgende Merkmale zu berücksichtigen: Baumkante, Äste, Jahrringbreite, Faserneigung, Risse, Verfärbungen, Druckholz, Insektenfraß, Mistelbefall, Krümmung.
Sortierklassen visuell:
S 7, S 10, S 13 (siehe Anhang)
Die Sortierklassen S 7, S 10, S 13 entsprechen den früheren Güteklassen I, II, III. Hinsichtlich der Tragfähigkeit sind die visuelle und maschinelle Sortierung rechnerisch gleichwertig.

Schnittholzklassen:

Schnittholzklasse	Sortierklasse	Zulässige Baumkante
S	–	–
A	S 13	1/8
B	S 10	1/3
C	S 7	Seiten sägegestreift

Hersteller
Bauschnittholz ist in Sägewerken als Dimensionsware (Vorratskantholz) und nach Liste in unterschiedlichen Querschnittsmaßen und Längen erhältlich.

Informationen
Bundesverband Deutscher Holzhandel e.V.
Bund Deutscher Zimmermeister e.V.
Lignum
Proholz

Holz
Konstruktionsvollholz

Konstruktionsvollholz (KVH)

DIN 1052-1
DIN 1052-1/A1
DIN 4074-1
Wärmeleitfähigkeit:
  λ_R = 0,13 W/mK
Dampfdiffusionswiderstand:
  μ = 40
Rohdichte:
  ρ = 470–590 kg/m³
Berechnungsgewicht nach
  DIN 1055-1: 4–6 kN/m³
Baustoffklasse:
  B 2
Holzfeuchte:
  15 ± 3%
Quell- und Schwindmaße
  je % Holzfeuchteänderung:
  0,24% quer zur Faser

Holzarten:
- Fichte
- Tanne
- Kiefer
- Lärche

Abmessungen
  60 × 120/140/160/180 mm
  60 × 200/240 mm
  80 × 120/140/160/200/240 mm
  100 × 120/200 mm
  120 × 120/200/240 mm
Längen:
  durch Keilzinkung sind beliebige
  Längen möglich

Material
Konstruktionsvollholz (KVH) ist Bauschnittholz aus Nadelholz, an das aufgrund der Verwendung erhöhte und zusätzliche Anforderungen gestellt werden. Es wird nach DIN 4074-1 Sortierung von Nadelholz nach der Tragfähigkeit (S 10) und zusätzlich nach dem Aussehen sortiert.
Außerdem gelten über DIN 4074-1 hinausgehende Anforderungen in Bezug auf die Holzfeuchte, die Maßhaltigkeit der Querschnitte, die Einschnittart, die Begrenzung der Rissbreite und Anforderungen an die Beschaffenheit der Oberflächen bei sichtbaren Bauteilen.

Kennzeichnung
Das Produkt ist mit dem Übereinstimmungszeichen zu kennzeichnen.
Es wird zusätzlich mit dem Überwachungszeichen der Überwachungsgemeinschaft Konstruktionsvollholz aus deutscher Produktion e.V. gekennzeichnet.

Anwendung
KVH wird vorwiegend dort eingesetzt, wo im Hinblick auf Tragfähigkeit, Aussehen, Maß- und Formhaltigkeit erhöhte Anforderungen an das Vollholz gestellt werden. KVH wird schwerpunktmäßig im Holzhausbau für die Herstellung von vollgedämmten Konstruktionen eingesetzt.

Aufgrund der Holzfeuchte von 15 ± 3% ist eine entscheidende Voraussetzung für einen Verzicht auf den Einsatz von chemischen Holzschutzmitteln gegeben.

Für Ausschreibung und Bestellung:
- Konstruktionsvollholz
- Kennzeichnung
- Holzart
- Dicke/Höhe
- Breite
- Länge
- Oberfläche

Abrechnung nach m³

Herstellung
Je nach Verwendungszweck werden nach der Oberflächenbeschaffenheit unterschieden:
- KVH-Si für sichtbare Konstruktionen (gehobelt und gefast)
- KVH-Nsi für nicht sichtbare Konstruktionen (egalisiert und gefast, herzgetrennt)

Bei beiden Arten ist Keilzinkung als kraftschlüssige Längsverbindung zulässig. Sie schwächt den Querschnitt nicht und braucht deshalb beim Spannungsnachweis nicht berücksichtigt werden. Bei KVH-Si ist bei Querschnittsdicken bis 100 mm ein herzfreier Einschnitt durch das Heraustrennen einer 40 mm dicken Herzbohle vorgeschrieben. Für alle anderen Querschnittsdicken und das gesamte Sortiment KVH-Nsi ist ein herzgetrennter Einschnitt festgelegt.

Hersteller (Auswahl)
Ante-Holz GmbH
Eugen Decker Holzindustrie
Ambros Fichtner Holzwerk
Anton Heggenstaller AG
Anton Hess GmbH+Co KG
Hülster-Holz GmbH & Co.KG
Johann Kirchhoff GmbH
Merkle Holz GmbH
Rettenmeier GmbH & Co.KG
Holz Schmidt GmbH
Schollmayer Holz GmbH
Matthäus Sturm GmbH
Holzwerke Wimmer GmbH

Informationen
Überwachungsgemeinschaft
  Konstruktionsvollholz aus
  deutscher Produktion e. V.
Bund Deutscher Zimmermeister e.V.
Bundesverband Deutscher
  Holzhandel e.V.

Holz
Brettschichtholz

Für Ausschreibung und Bestellung:
- Holzart
- Brettschichtholzklasse
- Breite, Höhe, Länge
- Verleimung
- Oberfläche
- Holzschutzmaßnahmen
- Abrechnung nach m³

Brettschichtholz (BSH)

DIN 1052-1/A1 EC 5
DIN 4074-1
Wärmeleitfähigkeit:
  λ_R = 0,13 W/mK
Dampfdiffusionswiderstand:
  μ = 40
Rohdichte je nach Holzart:
  ρ = 450 – 800 kg/m³
Baustoffklasse:
  B 2
Berechnungsgewicht nach DIN 1055-1:
  4 bzw. 5 kN/m³
Holzfeuchte:
  8–12%
Quell- und Schwindmaße
  je % Holzfeuchteänderung:
  0,24% quer zur Faser

Holzarten:
  Fichte, Tanne, Lärche,
  Douglasie, Western
  Hemlock, Southern Pine,
  Yellow Cedar.

Leimarten:
  Harnstoffharz (UF)
  Modifiziertes Melaminharz (MUF)
  Phenol-Resorcinharz (PF)
  Polyurethan (PU)

Abmessungen
Vorzugsbreiten 8 bis 22 cm
Höhen: bis 200 cm
  Das Verhältnis B/H = 1/10 soll nicht
  überschritten werden.
Längen: bis ca. 30 m.
  Überlängen bis 50 m sind möglich
  (Transportierbarkeit ist zu prüfen)

Material
Brettschichtholz ist ein vergütetes Vollholz, bei dem der festigkeitsmindernde Einfluss der wachstumsbedingten Holzfehler bis zu einem gewissen Grade aufgehoben wird.
Es besteht aus mindestens drei breitseitig faserparallel angeordneten Brettern oder Brettlagen aus Nadelholz, die unter Druck schichtweise zu stabilen Bauteilen verleimt werden.

Brettschichtholzklassen

BS-Holzklasse	Sortierklasse der Lamellen
BS 11	S 10, MS 10
BS 14	S 13
BS 16	MS 13
BS 18	MS 17

Anwendung
Für nicht wasserbeständige Verleimungen dürfen Kunstharzleime auf Basis Harnstoff verwendet werden. Die Leimfuge ist hellfarbig und zeichnet sich gegenüber dem Holz kaum ab.
Für wasserbeständige Verleimungen müssen Kunstharzleime auf Basis Phenol, Resorcin, Melamin bzw. Polyurethan verwendet werden. Phenol- und Resorcinharz sind an der dunkelbraunen Leimfuge zu erkennen, modifizierte Melaminharze erscheinen hell bis kakaobraun und die Leimfuge bei Polyurethan erscheint helltransparent.

BSH, das der Witterung unmittelbar ausgesetzt ist, braucht zusätzlich einen wirksamen chemischen Schutz mit öligen Holzschutzmitteln.

Herstellung
Die Dicke der zu BSH verwendeten Einzelbretter beträgt mindestens 6 mm und darf 33 mm nicht überschreiten. Sie darf bei geraden Bauteilen auf 42 mm erhöht werden, wenn die Bauteile keinen extremen klimatischen Wechselbeanspruchungen ausgesetzt sind.

Die Bretter werden getrocknet, gehobelt und alle natürlichen Holzfehler wie übergroße Äste oder Rindenteile maschinell entfernt. Längsstöße werden mit Keilzinken verleimt und verpresst. Längsstöße werden gegeneinander versetzt.

Tragende Bauteile dürfen nur von zugelassenen Betrieben hergestellt werden. Sie sind mit dem Übereinstimmungszeichen zu kennzeichnen.

Hersteller (Auswahl)
Achberger Ingenieur Holzbau GmbH
Grossmann Bau GmbH
Haas Fertigbau GmbH
Härle Karl GmbH
Kaufmann Holzbauwerk
Maier Holzbau GmbH
Merk Holzbau GmbH
Zeh Ulrich GmbH&Co.KG

Informationen
Deutsche Gesellschaft für Holzforschung
  e.V. DGfH
Studiengemeinschaft Holzleimbau e.V.
Gütegemeinschaft BS-Holz e.V.
Otto-Graf-Institut

Holz
Brettstapelelement

Für Ausschreibung und Bestellung:
- Hersteller
- Holzart
- Dicke, Breite, Länge
- Oberfläche

Abrechnung nach m²

Brettstapelelement

Nicht genormt.
Die Anwendung erfolgt derzeit über eine Zustimmung im Einzelfall auf der Basis der Landesbauordnungen.

Wärmeleitfähigkeit:
  λ_R = 0,13 W/mK
Dampfdiffusionswiderstand:
  μ = 40
Rohdichte:
  ρ = 450–800 kg/m³ in Abhängigkeit von der verwendeten Holzart
Berechnungsgewicht nach DIN 1055-1:
  4 bzw. 5 kN/m³
Baustoffklasse:
  B 2
Wärmespeicherzahl:
  S: 350 kJ/m³K
Holzfeuchte:
  15 ± 3%
Quell- und Schwindmaße
  je % Holzfeuchteänderung:
  0,24% quer zur Faser

Abmessungen
Bretthöhen:
  Wände 6, 8 bis 12 cm.
  Decken 12 – 24 cm

Material
Brettstapelelemente sind massive, flächige Bauteile. Sie werden aus nebeneinandergestellten Brettern oder Bohlen mit Nägeln oder Hartholzstabdübeln zusammengefügt. Es werden keine besonders hohen Mindestanforderungen an die Qualität des Ausgangsmaterials gestellt. Es genügen Bretter aus Nadelholz der Sortierklassen S7/S10. Der Einsatz von Seitenware ist möglich. Die Brettdicke ist grundsätzlich frei wählbar, wobei aber eine in Sägewerken übliche Stärke von 24 bis 32 mm, in besonderen Fällen bis 60 mm, günstig ist. Bei sichtbaren Konstruktionen werden oft Bretter und Bohlen mit einer Dicke von 32 mm bis 45 mm verwendet.

Anwendung
Decken, Dächer sowie nichttragende und tragende Wände können aus Brettstapelelementen erstellt werden. Bei Wandelementen verlaufen die einzelnen Bretter des Elements dabei lotrecht.
Die Scheibenwirkung kann durch zusätzliche Maßnahmen hergestellt werden.
Die massiven Holzbauteile besitzen im Vergleich zu einer Holzrahmenbauwand eine erhöhte Speicherfähigkeit und verbessern damit den sommerlichen Wärmeschutz.
Die einzelnen Elemente werden mit Nut- und Feder oder mit Fälzen gereiht oder mit Flachstahl verbunden. Bei der Wahl der Elementbreiten ist das Quellen und Schwinden zu berücksichtigen. Ein zuverlässiger Witterungsschutz während Transport, Lagerung und Einbau ist zur Vermeidung von Quellung zwingend erforderlich.

Aufgrund des Systems und aufgrund der hohen Tragfähigkeit von Holz ergeben sich außerordentlich schlanke Querschnitte. Verbundkonstruktionen mit Beton sind in verschiedenen Systemen auf dem Markt.

Herstellung
Brettstapelelemente werden üblicherweise im Betrieb vorgefertigt. Nachdem die Bretter auf eine Holzfeuchte von 15 ± 3% getrocknet und zumindest egalisiert sind, werden sie hochkant, dicht an dicht, mit versetzten Stössen angeordnet und kontinuierlich miteinander verbunden. Es werden Bretter gleicher Stärke und Breite verwendet. Die Übertragung der Kopplungskräfte an den Brettstößen wird durch eine verstärkte Nagelung, eine Verleimung oder einen Keilzinkenstoß gewährleistet. Die Verwendung von Brettern mit einer Profilierung auf der Breitseite verbessert die Fügung.

Deckenöffnungen und Durchbrüche müssen schon bei der Herstellung der Brettstapelelemente berücksichtigt werden.

Die Elemente können mit Breiten bis ca. 2,40 m entsprechend den Transportmöglichkeiten vorgefertigt werden. Sie sollten nicht länger als 12 m sein.

Hersteller (Auswahl)
Bau-Barth-Holzbauelemente
Holzbau Becke & Sohn GmbH
Hiwo Holzindustrie Waldburg
  zu Wolfegg GmbH & Co. KG
Rudolf Janssen GmbH & Co. KG
Kaufmann Holzbauwerke
Kaufmann Massivholz GmbH
Kobus

Informationen
Arbeitsgemeinschaft Holz
Bund Deutscher Zimmermeister

Holz
Bretter/Bohlen

Bretter / Bohlen

DIN 4071-1
DIN 4073-1
Wärmeleitfähigkeit:
  $\lambda_R = 0{,}13$ W/mK
Dampfdiffusionswiderstand:
  $\mu = 40$
Rohdichte: abhängig von der Holzart
  $\rho = 350–500$ kg/m³
Berechnungsgewicht nach DIN 1055-1:
  4–6 kN/m³
Baustoffklasse:
  B 2
Wärmespeicherzahl:
  S = 350 kJ/m³K
Holzfeuchte:
  wie Ausgleichsfeuchte möglichst < 20%
Quell- und Schwindmaße
  je % Holzfeuchteänderung:
  0,24% quer zur Faser

Holzarten:
• Fichte, Tanne, Kiefer,
• Lärche, Douglasie
• sowie nordische Holzarten aus Nadelholz beim gehobelten Sortiment.

Abmessungen
Dicke ungehobelt:
  16, 18, 22, 24, 28, 38, 44, 48,
  50, 63, 70, 75 mm
Dicke gehobelt:
  13.5, 15.5, 19.5, 25.5, 35.5, 41.5,
  45.5 mm
Dicke nordische Hölzer gehobelt:
  9.5, 11, 12.5, 14, 16, 22.5, 25.5,
  28.5, 40, 45 mm
Breite:
  75, 80, 100, 115, 120, 125, 140,
  150, 160, 175 mm
Länge:
  1500 – 6000 mm
Stufungen:
  250, 300 mm

Material
Ungehobelte Bretter und Bohlen aus Nadelholz sind parallel besäumte Bretter und Bohlen.
Gehobelte Bretter und Bohlen aus Nadelholz sind einseitig glatt gehobelt und auf gleichmäßige Dicke rückseitig bearbeitet. Die Kantenflächen sind nicht gehobelt und nicht profiliert.

Anwendung
Ungehobelte und gehobelte Bretter und Bohlen werden für die unterschiedlichsten Anwendungsbereiche im Bauwesen verwendet z. B. für Schalungen oder Außenbekleidungen.
Bretter und Bohlen für Konstruktionen, die nach der Tragfähigkeit zu bemessen sind, müssen den Anforderungen der DIN 1052 entsprechen und nach DIN 4074-1 sortiert werden. Wenn die Bretter keine tragende oder aussteifende Funktion erfüllen, besteht keine baurechtliche Notwendigkeit, chemische Holzschutzmaßnahmen vorbeugend auszuführen.
Zur Befestigung der Bekleidung wird eine Traglattung des Querschnitts 30×50 mm empfohlen (Mindestquerschnitt 24×48 mm). Diese Querschnitte sind im Handel trocken verfügbar, oder bei entsprechender Ausschreibung auch mit einer mittleren Holzfeuchte von 15 ± 3% erhältlich.
Sichtbar bleibende Verbindungsmittel im Außenbereich müssen aus verzinktem, besser aus nicht rostendem Stahl hergestellt werden.

Die Abstände der Traglattung sind abhängig von der Brettdicke:

Brettdicke [mm]	Lattenabstand [mm]
18,0	400–550
19,5	500–700
22,0	550–800
24,0	600–900
25,5	700–950
28,0	800–1050

Für Ausschreibung und Bestellung:
• Benennung
• DIN
• Sortierklasse
• Holzart
• Dicke
• Breite
• Länge
Abrechnung nach m²/m³

Herstellung
Bretter und Bohlen werden in den Sägewerken bzw. Hobelwerken aus Rundholz gesägt bzw. gefräst und, falls erforderlich, anschließend gehobelt. Abgrenzungsmerkmale sind die Abmessungen und das Verhältnis von Dicke zu Breite.

	Dicke d [mm]	Breite b [mm]
Brett	d ≤ 40	b ≥ 80
Bohle	d > 40	b > 3d

Bei Verwendung von Brettern im Außenbereich sind die vorbeugenden baulichen Holzschutzmaßnahmen besonders sorgfältig zu planen und auszuführen.

Bretter aus Kiefer sind für wetterbeanspruchte Teile problematisch, weil sie kaum ohne den fäulnis- und bläueanfälligen Splint verfügbar sind. Der Splint ist zudem besonders anfällig gegen holzzerstörende und holzverfärbende Pilze, was neben Holzschäden auch Anstrichschäden zur Folge haben kann.

Um unerwünschte Formänderungen im Innenbereich zu vermeiden, sollte die Holzfeuchte bei der Bestellung angegeben werden. Eine Hinterlüftung von Wandverkleidungen ist sinnvoll.

Hersteller
Bretter und Bohlen sowohl in gehobelter und ungehobelter Ausführung können von den verschiedenen Säge- und Hobelwerken bezogen werden.

Informationen
Lignum

Holz
Profilbretter

Für Ausschreibung und Bestellung:
- Bezeichnung
- DIN
- Sortierklasse
- Holzart
- Dicke
- Breite
- Länge

Abrechnung nach m²

Profilbretter

DIN 4072 (Gespundete Bretter)
DIN 68122 (Gespundete Fasebretter)
DIN 68123 (Stülpschalungsbretter)
DIN 68126-1+3 (Profilbretter mit Schattennut)

Abmessungen
Gespundete Bretter:
Dicken (europäisch):
　15.5, 19.5, 22.5, 35.5 mm
Breiten: 95, 115, 135, 155 mm
Dicken (nordisch):
　19.5, 22.5, 25.5 mm
Breiten: 96, 111, 121 mm

Gespundete Fasebretter:
Dicken (europäisch):
　15.5, 19.5 mm
Breiten: 95, 115 mm
Dicken (nordisch):
　12.5 mm
Breiten: 96, 111 mm

Stülpschalungsbretter:
Dicke (europäisch):
　19.5 mm
Breiten: 115, 135, 155 mm
Dicke (nordisch):
　19.5 mm
Breiten: 111, 121, 146 mm

Profilbretter mit Schattennut
Dicken (europäisch):
　12.5, 15.5, 19.5 mm
Breiten: 96, 115 mm
Dicken (nordisch):
　12.5, 14, 19.5 mm
Breite: 12.5, 14, 19.5 mm

Längen (europäisch):
　1500 – 4500 mm, Stufung 250 mm
　4500 – 6000 mm, Stufung 500 mm
Längen (nordisch):
　1800 – 6000 mm, Stufung 300 mm

Material
Gespundete Bretter sind Bretter mit Nut und angehobelter Feder.

Gespundete Fasebretter aus Nadelholz sind Bretter mit angehobelter Nut und Feder, oberseitig unter 45° gefast.

Stülpschalungsbretter aus Nadelholz sind Bretter mit angehobelter Nut und Feder, und einer konkav gerundeten Kante an der Federseite.

Profilbretter mit Schattennut sind gehobelte Bretter mit Nut und angehobelter Feder, die auf der Sichtseite gefaste Kanten und einen breiten Grund an der Federseite haben.

Anwendung
Gespundete und profilierte Bretter werden für Schalungen sowohl im Innenbereich als auch im Außenbereich verwendet. Bretter, die für Konstruktionen verwendet werden sollen, die nach der Tragfähigkeit zu bemessen sind, müssen den Anforderungen der DIN 1052 entsprechen und nach DIN 4074-1 sortiert werden.

Herstellung
Gehobelte und profilierte Hölzer werden in Säge- und Hobelwerken aus Rundholz gesägt, gefräst und gehobelt.

Neben den in der DIN enthaltenen Formen und Maßen, sind entsprechend den vorhandenen Werkzeugen Profilmodifikationen und Maßvarianten möglich. Die Profilbretter werden auf Bestellung im Hobelwerk gefertigt und können über den Handel bezogen werden.

Hersteller (Auswahl)
Das im Handel vorrätige Sortiment an Profilbrettern ist wegen der großen Sorten- und Formenvielfalt sehr wechselnd.

Information
Bundesverband Deutscher
　Holzhandel e.V.

Holzwerkstoffe
Stab- und Stäbchensperrholz

Stab- und Stäbchensperrholz (ST, STAE)

DIN 68705-2
Wärmeleitfähigkeit:
  λ_R = 0,15 W/mK
Dampfdiffusionswiderstand:
  μ = 50/400
Rohdichte:
  ρ = 400–800 kg/m³
Berechnungsgewicht nach DIN 1055-1:
  4,5–6,5 kN/m³
Baustoffklasse:
  B 2
Holzwerkstoffklasse:
  20, 100
Emissionsklasse:
  E 1
Holzfeuchte:
  5 < 15%
Quell- und Schwindmaße
  je % Holzfeuchteänderung:
  0,020%

Holzarten:
- Fichte
- Tanne
- Kiefer

Abmessungen
Dicke:
  13, 16, 19, 22, 25, 28, 30, 38 mm
Länge:
  1220, 1530, 1830, 2050, 2500, 4100 mm
Breite:
  2440, 2500, 3500, 5100, 5200, 5400 mm

Material
Die früher Tischlerplatten genannten Stabsperrhölzer (ST) bestehen aus einer Mittellage von etwa 24 mm bis max. 30 mm breiten plattenförmig aneinandergeleimten Vollholzleisten (Stäben), auf der beidseitig je ein Deckfurnier (3-lagige Platte) oder ein Absperr- und ein Deckfurnier (5-lagige Platte) aufgebracht sind, wobei sich die Faserrichtungen der benachbarten Lagen jeweils kreuzen.

Stäbchensperrholz (STAE) besteht aus einer Mittellage von 5 bis 8 mm dicken hochkantgestellten aneinandergeleimten Schälfurnierstreifen (Stäbchen), auf der beidseitig jeweils ein Deckfurnier oder ein Absperr- und ein Deckfurnier aufgebracht sind, wobei sich die Faserrichtung der benachbarten Lagen jeweils kreuzen. Zugelassen sind alle Leime mit gesicherter Bindefestigkeit.

Bei Stabsperrholz besteht die verleimte Holzstabmittellage zur Erzielung einer hohen Formstabilität meist aus Nadelhölzern, vorwiegend Fichte, während für Absperr- und Deckfurnier weichere bzw. härtere Laubhölzer bevorzugt werden. Als Stäbchenmittellagen können die selben Holzarten wie bei der Furniersperrholzherstellung verwendet werden. Neben den geläufigen einheimischen Nadel- und Laubhölzern werden auch eine Anzahl von tropischen Hölzern für die Mittellagen und die Absperr- und Deckfurniere eingesetzt.

Anwendung
Der Haupteinsatzbereich liegt im Möbel-, Labor- und Treppenbau. Stab- und Stäbchensperrholz wird im Ingenieurholzbau kaum verwendet.

Für Ausschreibung und Bestellung:
- Hersteller
- DIN
- Plattentyp
- Holzart
- Emissionsklasse
- Dicke
- Breite
- Länge
- Oberfläche

Abrechnung nach m²

Herstellung
Zur Erzeugung von Stabmittellagen geht man von sorgfältig auf auf ca. 6–8% Holzfeuchte getrockneten meist 24 mm dicken Brettern aus Nadelholz aus. Diese werden auf Vielblattkreissägen zu Leisten aufgeschnitten, deren Breite der Dicke der herzustellenden Innenlage entspricht. Diese Leisten werden dann mit Casein-Leimen, Polyvinylacetat-Leimen oder Harnstoffharz-Leimen zu Platten zusammengeleimt und verpresst.

Bau-Stab-Sperrholz (BST) und Bau-Stäbchensperrholz (BSTAE) DIN 68705-4 sind Sperrhölzer mit definierten und überwachten elastomechanischen Werten für das Bauwesen (z.B. für Aussteifungen).

Bei Stäbcheninnenlagen werden 5–8 mm dicke Schälfurniere schichtweise mit gleicher Faserrichtung zu Blöcken aufeinandergeleimt. Die Blöcke werden dann senkrecht zu der Ebene der Einzellagen zu Platten aufgetrennt.
Bei beiden Herstellungsverfahren werden dann Absperr- bzw. Deckfurniere auf die Innenlagen mit den gleichen Klebstoffen aufgeleimt und verpresst.

Hersteller (Auswahl)
Glunz AG
Hornitex AG
Pfleiderer

Holzwerkstoffe
Drei und Fünfschichtplatte

Drei- und Fünfschichtplatte

Bauaufsichtliche Zulassung
 Z-9.1-242
 Z-9.1-258
 Z-9.1-376
 Z-9.1-404
 Z-9.1-477
Wärmeleitfähigkeit:
 $\lambda_R = 0{,}14$ W/mK
Dampfdiffusionswiderstand:
 $\mu = 50/400$
Rohdichte:
 $\rho = 400-500$ kg/m³
Baustoffklasse:
 B 2
Holzwerkstoffklasse:
 20, 100, 100 G
Emissionsklasse:
 E 1
Holzfeuchte:
 12 ± 2%
Quell- und Schwindmaße
 je % Holzfeuchteänderung:
 0,020%

Holzarten:
• Fichte
• Lärche
• Douglasie

Abmessungen
Dicke (dreilagig):
 12 – 75 mm
Dicke (fünflagig):
 33 – 80 mm
Länge:
 2500 – 6000 mm
Breite:
 1000 – 4750 mm

Material
Die Platten bestehen aus drei oder fünf miteinander verklebten Brettlagen aus Nadelholz, wobei die Richtung der Holzfasern der benachbarten Lagen jeweils um 90° gedreht ist. Zur Klebung werden modifizierte Melamin- und Phenolharze verwendet.
Durch die typen- und herstellerabhängige Dicke der einzelnen Lagen können sich die elastomechanischen Eigenschaften auch bei Platten gleicher Stärke stark unterscheiden.

Anwendung
Je nach Art des verwendeten Klebstoffs und eventueller Holzschutzmittelbehandlung können die Platten überall dort eingesetzt werden, wo die Verwendung der Platten der Holzwerkstoffklassen 20, 100 und 100 G nach DIN 68800-2 in den technisch bauaufsichtlich eingeführten Baubestimmungen erlaubt ist.
Nach den erteilten Zulassungsbescheiden kommen Mehrschichtplatten als mittragende und aussteifende Beplankung für die Herstellung von Wand-, Decken-, und Dachtafeln für Holzhäuser in Tafelbauart nach DIN 1052-3 zum Einsatz.
Je nach Zulassung können einige Platten auch an Stelle von Bau-Furniersperrholz nach DIN 1052-1 verwendet werden.
Bei sorgfältigem Schutz der Kanten durch Abdeckung oder Versiegelung lassen sie sich auch für flächige, hinterlüftete Fassaden einsetzen.

Für Ausschreibung und Bestellung:
• Hersteller
• Zulassungsnummer
• Plattentyp
• Holzart
• Holzschutzmaßnahmen
• Dicke
• Breite
• Länge
• Oberfläche
Abrechnung nach m²

Herstellung
Für die kreuzweise verlegten, flächig miteinander verleimten Brettlagen aus Nadelholz müssen mindestens 90% der Einzelbretter der Sortierklasse S10 (DIN 4074-1) entsprechen, die übrigen Bretter mindestens der Sortierklasse S7.
Die Decklagenbretter haben meist eine Dicke zwischen 4 und 9 mm, die Bretter der Innenlagen zwischen 4 und 50 mm.

Hersteller (Auswahl)
Dold Süddeutsche Sperrholzwerke
Gmach Holzbauwerke
Haas Fertigbau GmbH
Kaufmann Holzbauwerk
Pröbstel Holzwerke

Holzwerkstoffe
Bau-Furniersperrholz

Für Ausschreibung und Bestellung:
- Bau-Furniersperrholz
- DIN 68705
- Zulassungsnummer
- Plattentyp
- Emissionsklasse
- Dicke, Breite, Länge
- Oberflächenausführung

Abrechnung nach m²

Bau-Furniersperrholz (BFU)

DIN 68705-3
Bauaufsichtliche Zulassung:
  Z-9.1-43
  Z-9.1-6
  Z-9.1-7
Wärmeleitfähigkeit:
  λ = 0,15 W/mK
Dampfdiffusionswiderstand:
  μ = 50/400
Rohdichte:
  ρ = 450–800 kg/m³
Baustoffklasse:
  B 2
Holzfeuchte:
  5–15%
Quell- und Schwindmaße
  je % Holzfeuchteänderung:
  Dicke: 0,25–0,35%
  Länge/Breite: 0,01–0,02%

Holzarten (Auswahl):
- Fichte
- Kiefer
- Seekiefer
- Douglasie
- Hemlock
- Southern Pine
- Mahagoni
- Makoré

Plattentypen:
  BFU 20
  BFU 100
  BFU 100 G

Abmessungen
Dicke [mm]:
  8, 9, 10, 12, 15, 18, 20, 21, 24, 25, 40
Formate [mm]:
  2500/3000 × 1250/1500
  2400/3050 × 1200/1525

Material
Bau-Furniersperrholz entsteht durch kreuzweises Anordnen und Verleimen von Furnieren. Für BFU 20 werden als Klebstoff Harnstoffharze verwendet, für BFU 100 bzw. 100 G wasserbeständige alkalisch härtende Phenolharze, Phenol-Resorcinharze und Resorcinharze. Andere Klebstoffe bedürfen einer bauaufsichtlichen Zulassung.

Anwendung
Baufurniersperrholz wird hauptsächlich als mittragende und aussteifende Beplankung bei Wänden, Decken und Dächern verwendet. Der dabei in Abhängigkeit von der Lage im Bauteil zu verwendende Plattentyp ist DIN 68800-2 zu entnehmen.

Plattentyp	Plattenfeuchte im Gebrauchszustand
BFU 20	≤ 15%
BFU 100	≤ 18%
BFU 100G	≤ 21%

Herstellung
Baufurniersperrhölzer können aus den selben Holzarten wie normales Sperrholz hergestellt werden; ausgeschlossen sind jedoch helle tropische Holzarten z.B. Limba, Abachi.

Bau-Furniersperrholz aus Buche (BFU-BU), DIN 68705-5, wird aus 3 bis 9 Lagen Buchenfurnier mit 1,5 bis 3,2 mm Dicke in den Holzwerkstoffklassen 100 und 100 G hergestellt. Es wird für statisch besonders beanspruchte Bauteile eingesetzt.

BFU 100 G Platten sind entweder aus splintfreien Furnieren einer Holzart herzustellen, die mindestens der Resistenzklasse 2 nach DIN 68364 entspricht (z.B. Eiche, Mahagoni, Makoré) oder aus einer anderen Holzart mit einer Leimflotte, der ein Holzschutzmittel beigegeben wurde. Ist chemischer Holzschutz aufgrund der geringeren Resistenzklasse der verwendeten Holzart notwendig, so muss bei der Herstellung der Platten ein Holzschutzmittel gegen holzzerstörende Pilze (Basidiomyceten) der Leimflotte beigegeben werden.

Die Platten sind dauerhaft zu kennzeichnen mit:
- Übereinstimmungszeichen
- DIN/Zulassungsnummer
- Fremdüberwachende Stelle
- Plattentyp
- Emissionsklasse
- Dicke

Hersteller (Auswahl)
Blomberger Holzindustrie
Bruynzeel Multipanel GmbH
Dold Süddeutsche Sperrholzwerke
Finnforest Oy
Glunz AG
Hess & Co. AGT
ROHOL Rosenauer
R.O.L. Rougier Océan Landex
Schaumann Wood Oy
Teuteburger Sperrholzwerk
Westag & Getalit AG

Informationen
American Plywood Ass. APA
Cofi Canadian Plywood Association
Council of Forest Industries
  of British Columbia
Finnish Plywood International
Güteschutzgemeinschaft Sperrholz e.V.
Lignum
Proholz
Verband der Deutschen
  Holzwerkstoffindustrie e.V.

Holzwerkstoffe
Furnierschichtholz

Für Ausschreibung und Bestellung:
- Hersteller
- Zulassungsnummer
- Furnierschichtholzart
- Dicke, Breite, Länge
- Holzschutzmaßnahmen

Abrechnung nach m³

Furnierschichtholz (FSH)

Bauaufsichtliche Zulassung:
Z-9.1-100
Z-9.1-291
Z-9.1-245
Wärmeleitfähigkeit:
  λ_R = 0,15 W/mK
Dampfdiffusionswiderstand:
  μ = 50/400
Rohdichte:
  ρ = 400–800 kg/m³
Baustoffklasse:
  B 2
Emissionsklasse:
  E 1

Holzarten:
- Fichte
- Kiefer (Kerto)
- Douglasie
- Southern Pine (Microlam)

Abmessungen:
FSH-S wird für tragende, stabförmige Konstruktionsteile eingesetzt.
Dicke:
  21–69 mm
max. Größen:
  1820 x 23 000 mm
FSH-Q wird für Platten und Scheiben verwendet.
  h ≤ 1800 mm
Dicke:
  21–75 mm
max. Größen:
  1820 x 23 000 mm

Material
Furnierschichtholz (FSH) ist ein aus mehreren Holzlagen zusammengesetzter Holzwerkstoff. Die Furniere werden im Gegensatz zu Sperrholz in der Regel faserparallel geschichtet (FSH-S) und miteinander mit Phenol-Formaldhydharz wasserfest verleimt. Bei größeren Breiten werden auch querverlaufende Schichten zur Erhöhung der Stabilität eingesetzt (FSH-Q).
Für Verleimungen der Holzwerkstoffklasse 100 G werden die einzelnen Furnierblätter mit Holzschutzmittel gegen holzzerstörende Pilze getränkt.

Anwendung
Furnierschichtholz darf für alle Ausführungen verwendet werden, bei denen die Verwendung von Brettschichtholz erlaubt ist.
Aufgrund der hohen zulässigen Beanspruchungen kann Furnierschichtholz auch für folgende Bauaufgaben verwendet werden:
z.B. Verstärkung von Pfetten und anderen Biegeträgern, Trägerverstärkungen im Auflagerbereich, aussteifende und gleichzeitig tragende Scheiben, Knotenplatten …

Durch die in den Furnieren vorhandenen Schälrisse lässt sich das Furnierschichtholz relativ leicht über den ganzen Querschnitt mit wässrigen Holzschutzmitteln imprägnieren. Dadurch kann es auch bei ungünstigen Klimabedingungen verwendet werden (z.B. Außenanwendung als Dachplatten).

Herstellung
Für die Herstellung von Furnierschichtholz werden Nadelholzstämme entrindet, gewässert und zu 3 mm dicken Furnieren geschält. Diese Furniere werden in Formblätter geschnitten und getrocknet. Größere Fehlstellen werden herausgekappt. Zu leichte, zu feuchte oder fehlformatige Furniere werden aussortiert. Die Furnierblätter werden dann jeweils mit versetzten Stößen und mit Phenol-Formaldehydharz in Faserrichtung parallel beleimt aufeinandergeschichtet und zu einer Platte verpresst.
Die so entstandenen großformatigen Platten werden je nach Bedarf in die gewünschten Platten oder Trägerformate aufgetrennt.

Hersteller (Auswahl)
Merk Holzbau GmbH
Finnforest OY
Trus Joist Mac Millan

Holzwerkstoffe
Furnierstreifenholz

Für Ausschreibung und Bestellung:
- Zulassungsnummer
- Holzart
- Dicke
- Breite
- Länge

Abrechnung nach m³

Furnierstreifenholz (PSL)

Bauaufsichtliche Zulassung:
  Z-9.1-241
Wärmeleitfähigkeit:
  λ_R = 0,15 W/mK
Dampfdiffusionswiderstand:
  μ = 50/400
Rohdichte:
  ρ = 670 kg/m³ bei Douglas Fir
  ρ = 720 kg/m³ bei Southern Yellow Pine
Baustoffklasse:
  B 2
Holzwerkstoffklasse:
  100, 100G

Holzarten:
- Douglas Fir
- Southern Pine

Material
Furnierstreifenholz (Parallel Strand Lumber, PSL) besteht aus nur ca. 16 mm breiten und ca. 3,2 mm dicken, parallel zur Balkenlängsachse ausgerichteten, mit Phenol-Formaldehyd-Harz wasserfest verleimten Schälfurnierstreifen, die gütesortiert zu 483 mm dicken Platten verleimt und dann zu Balken aufgetrennt werden. PSL wird in Deutschland bzw. Europa noch hergestellt und bis jetzt ausschließlich aus den USA importiert.
Als feuchtigkeitsabweisendes Hydrophobierungsmittel wird Wachs (Paraffin) zugegeben.
Aufgrund der natürlichen Resistenz der beiden verwendeten Holzarten (Resistenzklasse 3 nach DIN 68364) werden keine Holzschutzmittel zugesetzt.

Anwendung
Furnierstreifenholz darf für alle Ausführungen verwendet werden, bei denen die Verwendung von Brettschichtholz erlaubt ist, soweit in der Zulassung nicht anders bestimmt ist.
Grundsätzlich ist Furnierstreifenholz ein mit dem Brettschichtholz vergleichbarer Werkstoff, dessen Vorteile in der sehr hohen Biegefestigkeit, Druckfestigkeit und Schubfestigkeit liegen.
Die Verleimung ist witterungsbeständig; bei Bewitterung vergraut das Holz.

Herstellung
Aus den Stämmen werden nach dem Wässern und Dämpfen 2,5 bzw. 3,2 mm dicke Furniere geschält. Die Schälfurnierblätter werden im Anschluss an das Trocknen auf ca. 9–10% Holzfeuchte in 45 bis 260 cm lange 16 mm breite Streifen zerschnitten. Nach dem Aussortieren von Fehlern werden die mit Phenol-Formaldehydharz beleimten Streifen in einer kontinuierlich arbeitenden Presse zusammengepresst und durch Mikrowellen erhitzt, wobei der Leim aushärtet.
Alle Furnierstreifen werden so angeordnet, dass sie vorwiegend flach mit gleicher Faserrrichtung aneinanderliegen und die Streifenenden in Längsrichtung versetzt sind.
Beim Pressen wird das Material verdichtet, sodass die Rohdichte etwas höher ist (ca. 15%) als die der verwendeten Holzart. Die Furnierstreifen sind im Querschnitt nicht lückenlos nebeneinandergefügt, so dass insbesondere an den Stirnflächen Hohlräume erkennbar sind.
Der so entstandene 20 m lange Strang wird dann an beliebiger Stelle abgelängt und aufgetrennt.

Abmessungen:
Breite:
  44 – 280 mm
Höhe:
  44 – 483 mm
Länge:
  bis 20 m

Hersteller (Auswahl)
Merk Holzbau GmbH
Trus Joist Mac Millan

Holzwerkstoffe
Spanstreifenholz

Spanstreifenholz (LSL)

Bauaufsichtliche Zulassung:
 Z 9.1-323
Wärmeleitfähigkeit:
 λ_R = 0,14 W/mK
Dampfdiffusionswiderstand:
 μ = 50/400
Rohdichte:
 ρ = 600 – 700 kg/m³
Baustoffklasse:
 B 2
Holzwerkstoffklasse:
 100
Emissionsklasse:
 E 1
Holzfeuchte:
 15%

Holzarten:
 Pappel

Leime:
 Polyurethanklebstoff

Anwendung
Spanstreifenholz darf für alle Ausführungen verwendet werden, bei denen die Verwendung von Brettschichtholz nach DIN 1052-1 sowie von Bau-Furniersperrholz nach DIN 68705-3 erlaubt ist. Hinsichtlich des Holzschutzes ist analog zu Brettschichtholz zu verfahren.

Für Ausschreibung und Bestellung:
• Hersteller
• Zulassungsnummer
• Plattentyp
• Holzart
• Verleimung
• Emissionsklasse
• Dicke
• Breite
• Länge
Abrechnung nach m²

Herstellung
Spanstreifenholz Intrallam LSL (Laminated Strand Lumber) besteht aus ca. 1,0 × 25 × 300 mm großen Pappel-Spanstreifen die mit formaldehydfreiem Polyurethan (PMDI) verklebt werden.
Nach dem Beleimen in einem Mischer werden die Späne nach ihrem ursprünglichen Faserverlauf ausgerichtet. Die Masse wird unter Hitze gepresst, dann aufgetrennt und geschliffen.
Langspanholz wird in zwei Güteklassen hergestellt (Intrallam S und Intrallam P).

Abmessungen:
Dicke:
 32 – 89 mm
Format:
 max. 2438 × 10 700 mm

Hersteller (Auswahl)
Trus Joist MacMillan

Holzwerkstoffe
Oriented Strand Board

Für Ausschreibung und Bestellung:
- Hersteller
- Zulassungsnummer
- Plattentyp
- Emissionsklasse
- Dicke, Breite, Länge
- Oberfläche

Abrechnung nach m²

Oriented Strand Board (OSB)

DIN EN 300
Bauaufsichtliche Zulassung:
 Z-9.1-275
 Z-9.1-326
Wärmeleitfähigkeit:
 λ_R = 0,13 W/mK
Dampfdiffusionswiderstand:
 μ = 50/100
Rohdichte je nach Holzart:
 ρ = 600–660 kg/m³
Berechnungsgewicht nach DIN 1055-1:
 5–7,5 kN/m³
Baustoffklasse:
 B 2
Holzwerkstoffklasse:
 100
Emissionsklasse:
 E 1
Holzfeuchte:
 5–6%
Quell- und Schwindmaße
 je % Holzfeuchteänderung:
 0,035%

Holzarten:
- Kiefer
- Seekiefer
- Douglasie
- Oregon Pine
- Erle
- Pappel

Material
OSB-Flachpressplatten (Oriented Strand Board) bestehen aus gerichteten Spänen (Strands). Aufgrund der Wechselorientierung der Spanlagen haben OSB-Platten in Längs- und Querrichtung wie Sperrholz gerichtete mechanische Eigenschaften. Parallel zur vorwiegenden Herstellrichtung werden sehr hohe Festigkeitswerte (doppelt bis dreifach verglichen mit normalen Spanplatten) erreicht.

Die Verleimung erfolgt mit unterschiedlichen Leimen: Phenolharz, Polyharnstoff (Isocyanat), bzw. MUPF (Kauramin) Deckschichtverleimung und PMDI Mittelschichtverleimung. Die Verleimung ist wasserbeständig.

Anwendung
Typische Anwendungsbereiche:
OSB-Flachpressplatten dürfen für alle Ausführungen verwendet werden, bei denen die Verwendung von Holzwerkstoffen der Holzwerkstoffklasse 100 in den technischen bauaufsichtlich eingeführten Baubestimmungen erlaubt ist.
Beplankung von tragenden/aussteifenden Wänden im Außenbereich mit Witterungsschutz.

Herstellung
Für die Herstellung der OSB-Platten werden grobe rechteckige Späne (ca. 35 × 75 mm, Dicke 0,6 mm) verwendet, die durch Schälen und Brechen von Furnieren bzw. durch einen Zerspaner gewonnen werden. Die Flachspäne werden gesiebt, sortiert, getrocknet, beleimt und richtungsorientiert gestreut. Die Orientierung der Späne erfolgt kreuzweise in drei oder fünf Schichten, je nach Plattendicke. Bei dreischichtigem Aufbau ist die Orientierung der Mittelschichtspäne (50%) im allgemeinen quer, die der Deckschichtspäne (je 25%) längs zur Herstellrichtung. Nach Streuung und Orientierung wird das Spänevlies unter Hitze und Druck verpresst. Auf das Abkühlen folgt dann das abschließende Formatieren bzw. Schleifen der Platten.

Abmessungen
Dicke [mm]:
 6, 8, 9, 10, 11, 12, 13, 15, 18, 22, 25, 30
Formate [mm]:
 2500/5000 × 1250
 5000 × 2500
 2440 × 1220
 2620 × 1250/5000

Hersteller (Auswahl)
CSC Forest Products (Sterling) Ltd.
Glunz AG
Kronospan Ltd.&Cie.

Informationen
Verband der Deutschen
 Holzwerkstoffindustrie (VHI)

Holzwerkstoffe
Holzfaserplatten

Für Ausschreibung und Bestellung:
- Hersteller
- DIN
- Zulassungsnummer
- Plattentyp
- Verleimung
- Emissionsklasse
- Dicke
- Breite
- Länge

Abrechnung nach m²

Holzfaserplatten (HF)

DIN 68754-1
Wärmeleitfähigkeit:
  λ_R = 0,065 – 0,17 W/mK
Dampfdiffusionswiderstand:
  μ = 5 – 70
Rohdichte:
  ρ = 350 – 1100 kg/m³
Berechnungsgewicht nach DIN 1055-1:
  9 – 11 kN/m³
Baustoffklasse:
  B 2
Holzwerkstoffklasse:
  20, (100 mit Zulassung)
Emissionsklasse:
  E 1
Holzfeuchte:
  5 ± 3 %
Quell- und Schwindmaße
 je % Holzfeuchteänderung:
  < 20 % in der Dicke

Holzarten:
- Fichte
- Kiefer
- Tanne
- Buche
- Pappel
- Birke

Leime:
- Harnstoffharze
- Phenol-Formaldehydharz

Abmessungen:
Dicke:
  5 – 16 mm
Breite:
  bis 2100 mm
Länge:
  bis 5500 mm

Material
Faserplatten sind plattenförmige Werkstoffe, die aus faserartigen Partikeln, vorwiegend Holzpartikeln, bestehen und mit oder ohne Druck, mit oder ohne Kleb- sowie Zusatzstoffen unter Einwirkung von Wärme hergestellt werden.
Sie können im Nassverfahren ohne Bindemittel oder im Trockenverfahren mit Bindemittel als Ein- und Mehrschichtplatten hergestellt werden.
Je nach Rohdichte werden sie unterteilt in:
- HFD, poröse Holzfaserplatten, nicht bituminiert
- BPH, poröse Holzfaserplatten, bituminiert
- HFH und HFM, harte u. mittelharte Holzfaserplatten für das Bauwesen
- für den Innenausbau und Möbelbau sind weitere Holzfaserplatten am Markt, bekannt z.B. die mitteldichte Faserplatten MDF.

Holzfaserdämmplatten siehe Dämmstoffe.

Anwendung
Die Platten dürfen nur bei der Herstellung von Wand-, Decken- und Dachtafeln für Holzhäuser in Tafelbauart nach DIN 1052-3 als mittragende und aussteifende Beplankung herangezogen werden.
Sie können in Räumen mit im allgemeinen niedriger Luftfeuchtigkeit, d. h. im Anwendungsbereich der Holzwerkstoffklasse 20 verwendet werden, mit einer bauaufsichtlichen Zulassung auch in der Holzwerkstoffklasse 100.

Herstellung
Für die Herstellung von Holzfaserplatten werden die Holzspäne zusätzlich in einem, Defibrator genannten, Reaktionsbehälter mit Dampf aufgeschlossen und anschließend durch Mahlscheiben mechanisch zerfasert. Im Verlauf des Herstellprozesses wird das Fasermaterial geformt, verdichtet und gepresst. Hierbei wird primär die Verfilzung der Fasern und die natürliche Bindekraft genutzt. Durch Zugabe von Binde- und Hydrophobierungsmitteln sowie durch thermische und andere Nachbehandlungen lassen sich die Bindekräfte erhöhen.
Die verschiedenen Herstellungsverfahren unterscheiden sich vor allem in der Technik der Faserstofferzeugung sowie in der Art der Vliesbildung. Je nachdem, ob Transport und Vliesbildung in Wasser oder Luft stattfinden, spricht man vom Nass- oder Trockenverfahren.

Hersteller (Auswahl)
Euro MDF Board
Gutex
Hornitex
Kunz GmbH & Co
Odenwald Faserplattenwerk
Pavatex
Wilhelmi Werke GmbH & Co KG

Holzwerkstoffe
Flachpressplatten

Flachpressplatten (FP)

DIN 68763
Wärmeleitfähigkeit:
  $\lambda_R = 0{,}13$ W/mK
Dampfdiffusionswiderstand:
  $\mu = 50/100$
Rohdichte:
  $\rho = 550-700$ kg/m^3
Berechnungsgewicht nach DIN 1055-1:
  $5-7{,}5$ kN/m^3
Baustoffklasse:
  B 2
Holzwerkstoffklasse:
  20, 100, 100 G
Emissionsklasse:
  E1
Holzfeuchte:
  $5 < 12\%$
Quell- und Schwindmaße
  je % Holzfeuchteänderung:
  0,035%

Holzarten:
- Nadelholz
- Laubholz

Leime:
- Harnstoffharze
- Modifizierte Melaminharze
- Phenolharz
- PMDI

Abmessungen
Dicke [mm]:
  4, 8, 10, 13, 16, 19, 22, 25, 28, 38 mm
Formate [mm]:
  1250 × 2500, 1250 × 5000,
  4100 × 1850, 2710 × 2080,
  2750/5300 × 2050
Längen bis 14 000 mm möglich

Material
Flachpressplatten sind plattenförmige Holzwerkstoffe, die durch Verpressen von kleinen Teilen aus Holz oder holzartigen Faserstoffen mit Bindemitteln hergestellt werden.
Je nach der Verklebung und den Holzschutzmittelzusätzen werden folgende Plattentypen unterschieden:

- V 20
  Verklebung beständig zur Verwendung in Räumen mit im allgemeinen niedriger Luftfeuchte (nicht witterungsbeständig). Klebstoffe: Aminoplaste, alkalisch härtende Phenoplaste, polymere Diphenylmethan-Diisocyanate (PMDI).

- V 100
  Verwendung in Räumen mit hoher Luftfeuchte.
  Klebstoffe: alkalisch härtende Phenoplaste, Phenolresorcinharze, PMDI.

- V 100 G
  Beständig auch bei hoher Luftfeuchtigkeit, mit Holzschutzmitteln geschützt gegen holzzerstörende Pilze.
  Klebstoffe: alkalisch härtende Phenoplaste, Phenolresorcinharze, PMDI.

Anwendung
Flachpressplatten für das Bauwesen werden hauptsächlich als mittragende und aussteifende Beplankung bei Wänden, Böden, Decken und Dächern verwendet. Der dabei in Abhängigkeit von der Lage der Platte im Bauteil zu verwendende Plattentyp ist der DIN 68800-2 zu entnehmen (siehe Anhang).

Für Ausschreibung und Bestellung:
- Hersteller
- DIN 68763
- Plattentyp
- Verleimung
- Emissionsklasse
- Dicke
- Breite
- Länge

Abrechnung nach m^2

Herstellung
Flachpressplatten werden durch Verpressen von relativ kleinen Holzspänen mit Klebstoffen hergestellt, wobei die Späne vorzugsweise parallel zur Plattenebene liegen. Sie werden in der Regel mehrschichtig oder mit stetigem Übergang in der Struktur ausgebildet.

Hersteller (Auswahl)
Glunz AG
Hornitex
Kunz GmbH
Pfleiderer Industrie
Schlingmann GmbH & Co.

Informationen
Verband der Deutsche Holzwerkstoffindustrie e.V.

Holzwerkstoffe
Strangpressplatten

Für Ausschreibung und Bestellung:
- Hersteller
- DIN
- Plattentyp
- Holzart
- Verleimung
- Emissionsklasse
- Dicke
- Breite
- Länge

Abrechnung nach m²

Strangpressplatten

DIN 68764-1/2
Wärmeleitfähigkeit:
  λ_R = 0,17 W/mK
Dampfdiffusionswiderstand:
  μ = 20
Rohdichte:
  ρ = 450–700 kg/m³
Berechnungsgewicht nach DIN 1055-1:
  5–7,5 kN/m³
Baustoffklasse:
  B 2
Emissionsklasse:
  E 1
Holzfeuchte:
  5 < 12%

Holzarten:
- Fichte
- Tanne
- Kiefer

Leime:
- Harnstoffharze
- Modifizierte Melaminharze
- Phenolharz
- PMDI

Material
Strangpressplatten haben hohe Querzugfestigkeiten, jedoch geringe Biegefestigkeiten und unzureichendes Stehvermögen und müssen daher für Verwendungen im Bauwesen beidseitig mit z.B. Spanplatten, Hartfaserplatten, Furnieren oder Kunststoffplatten beplankt werden.

Anwendung
Strangpressplatten werden für Türen eingesetzt. Sie sind als Beplankung von Holzhäusern in Tafelbauart zugelassen.

Herstellung
Bei der Herstellung von Strangpressplatten werden die mit Bindemittel vermischten Späne von einem Kolben taktweise in den beheizten Pressenschacht oder Formkanal gedrückt. Dieser Formkanal besitzt den Querschnitt der fertigen Platte. Hierdurch ergibt sich eine Orientierung der Späne rechtwinklig zur Plattenebene, aus der eine relativ hohe Zugfestigkeit quer zur Plattenebene resultiert.
Die Herstellung erfolgt kontinuierlich, da Heizung und Vorschubgeschwindigkeit auf die Aushärtezeit abgestimmt werden. Beim Durchwandern des beheizten Schachtes werden die Späne zu einem endlosen Plattenstrang verleimt, der erst nach der Presse abgelängt wird.
Diese Vollplatten (SV) sind nur einschichtig aufgebaut; die Biegefestigkeit der Platten ist infolge der Spananordnung geringer als die der Flachpressplatten. Strangpressplatten sind nur als Kernlagen für Verbundplatten geeignet.
Durch Längsanordnung von Röhren im Plattenschacht entstehen Röhrenspanplatten (RV), die in der mittleren Zone des Plattenquerschnitts über röhrenförmige Hohlräume verfügen.

Abmessungen
Dicke:
  Vollplatten: 10 bis 34 mm
  Röhrenplatten: 23 bis 80 mm
Breite:
  900 – 2100 mm
Länge:
  bis 5000 mm

Hersteller (Auswahl)
Sauerländer Spanplatten GmbH & Co. KG

Holzwerkstoffe
Zementgebundene Spanplatte

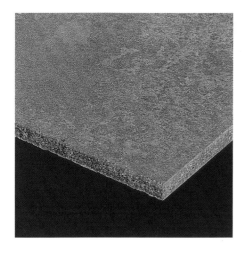

Zementgebundene Spanplatten

DIN EN 633
DIN EN 634
Wärmeleitfähigkeit:
  λ_R = 0,35 W/mK
Dampfdiffusionswiderstand:
  μ = 20/50
Rohdichte:
  ρ = 1250–1300 kg/m³
Baustoffklasse:
  B 1, A 2
Holzwerkstoffklasse:
  20, 100, 100 G
Emissionsklasse:
  E 1
Holzfeuchte:
  9 ± 3%
Quell- und Schwindmaße
  je % Holzfeuchteänderung:
  0,03%

Holzarten:
• Fichte
• Tanne

Bindemittel:
• Zement

Material
Im Gegensatz zu den organisch gebundenen Holzwerkstoffen sind zementgebundene Spanplatten anorganisch mit etwa 1/3 Gewichtsprozent Zement gebunden. Einsatzgebiete sind die selben wie bei den Holzwerkstoffklassen 20, 100, 100 G nach DIN 68800-2. Aufgrund des Bindemittels sind die Platten feuchteunempfindlich. Durch Beschichtungs- oder Putzsysteme kann ein dauerhaft wirksamer Wetterschutz erzielt werden. Sie sind bauaufsichtlich zugelassen als tragende und aussteifende Beplankung bei Holzhäusern in Tafelbauart nach DIN 1052-3.

Die Platten sind schwer entflammbar B 1 nach DIN 4102. Zur Erzielung der Baustoffklasse A 2 (nicht brennbar) sind ca. 24% Perlite beigemischt

Anwendung
Anwendungsgebiete sind die Verkleidung von Außenwänden sowie die aussteifende Beplankung von Wänden. Außenseitig muss ein dauerhaft wirksamer Wetterschutz sichergestellt sein. Aufgrund der guten brandschutztechnischen Eigenschaften sind sie für Brandschutzkonstruktionen geeignet und besitzen wegen der hohen Rohdichte gute Schalldämmeigenschaften. Eignung auch als Verlegespanplatten im Innenbereich.

Für Ausschreibung und Bestellung:
• Hersteller
• DIN
• Zulassungsnummer
• Plattentyp
• Emissionsklasse
• Dicke
• Breite
• Länge
• Oberfläche
Abrechnung nach m²

Herstellung
3 bis 4 Monate gelagertes, nicht fungizid behandeltes entrindetes Nadelholz von Fichte und Tanne wird zerspant und getrennt nach Fein- und Grobgut in Spänesilos gelagert. Im mechanischen Mischer wird die Streumischung aus Holzspänen, Zement, Rückführgut aus Besäumungsabfällen, den Hilfsstoffen und Wasser in einem halbtrockenen Streuverfahren hergestellt. Über eine mechanische Wurfsichtung wird das Material gleichmäßig getrennt nach Deck- und Mittelschicht gleichmäßig auf Trägerplatten verteilt. Überschüssiges Material wird der Streumaschine direkt wieder zugeführt. Überschusswasser fällt nicht an. Das Streugut wird verpresst und zum Abbinden in einer Klimakammer gelagert.
Die Platten gehen zum Aushärten für ca. 4 Wochen ins Reifelager. Vor der Auslieferung werden die Platten auf die entsprechende Ausgleichsfeuchte konditioniert, besäumt bzw. einer Sonderbehandlung wie Schleifen, Schneiden, Kantenprofilierung, Grundierung, Beschichtung unterzogen.

Abmessungen
Dicken:
  8 bis 40 mm
Format:
  1250 × 2600, 1250 × 3100 mm

Hersteller (Auswahl)
Eternit AG
Fulgurit
Glunz AG

Bauplatten
Faserzementplatten

Faserzementplatten

Bauaufsichtliche Zulassung:
 Z-31.1-34
 Z-31.1-36
Wärmeleitfähigkeit:
 λ_R = 0,58 W/mK
Dampfdiffusionswiderstand:
 μ = 11
Rohdichte:
 ρ = 1150–2000 kg/m³
Baustoffklasse:
 A 2

Material
Faserzement ist ein Verbundwerkstoff aus Fasern und Zement. Seine Bestandteile sind 40% Portlandzement, 11% Zuschlagstoffe (Kalksteinmehl), 2% Armierungsfasern, 5% Prozessfasern (Zellstoff) und Wasser.

Anwendung
Faserzementplatten eignen sich als Wetterschutz für Dächer und Wände. Faserzementtafeln dürfen für hinterlüftete Außenwandbekleidungen nach DIN 18516-1 verwendet werden.

Für Ausschreibung und Bestellung:
• Hersteller
• Zulassungsnummer
• Dicke
• Breite
• Länge
• Oberfläche
Abrechnung nach m²

Herstellung
Faserzementplatten werden aus einer innigen Mischung von Kunststoff- und Zellulosefasern, Zement und Wasser hergestellt. Sie werden mit einer Oberflächenbeschichtung oder mit Farbzusätzen in unterschiedlichen Farben hergestellt. Die anorganischen Materialien sind fäulnis-, witterungs- und frostbeständig, sie sind nicht brennbar und weitestgehend widerstandsfähig gegen chemisch aggressive Atmosphären. Die Fasern übernehmen in der Mischung eine ähnliche Aufgabe wie der Stahl im Stahlbeton.

Abmessungen
Länge:
 1250, 2000, 2500 mm
Breite:
 1250, 1500 mm
Dicke:
 8, 10, 12.5, 15, 18 mm

Hersteller (Auswahl)
Eternit AG
Fulgurit Baustoffe GmbH
Wanit

Informationen
Fachregeln des Deutschen
 Dachdeckerhandwerks

Bauplatten
Gipskartonplatten

Für Ausschreibung und Bestellung:
- Plattentyp
- Dicke
- Länge
- Breite
- Kantenform

Abrechnung nach m²

Gipskartonplatten

DIN 18180
Bauaufsichtliche Zulassung:
 Z-9.1-199
 Z-9.1-204
 Z-9.1-221
 Z-9.1-246
 Z-9.1-318
 Z-9.1-319
Wärmeleitfähigkeit:
 λ_R = 0,21 W/mK
Wärmeausdehnungskoeffizient:
 0,013–0,020 mm/mK
Dampfdiffusionswiderstand:
 μ = 8
Rohdichte:
 ρ = 900–1000 kg/m³
Baustoffklasse:
 A 2
Wärmespeicherzahl:
 S = 960 J/kgK

Abmessungen:
Dicke:
 9.5, 12.5, 15, 18, 20, 25 mm
Breite:
 600, 625, 1250 mm
Länge:
 2000–4000 mm in Stufen von 250 mm

Material
Gipskartonplatten bestehen aus einem Gipskern, der mit einem festhaftenden Karton ummantelt ist. Rohstoff für die Herstellung ist natürlich vorkommender Gipsstein und bei der Rauchgasentschwefelung anfallender REA-Gips.
Je nach Verwendungszweck gibt es unterschiedliche Plattentypen, die sich im Karton und durch Zusätze im Gipskern unterscheiden:
- Gipskarton-Bauplatten (GKB)
 Karton weiß-gelblich, Beschriftung blau
- Gipskarton-Feuerschutzplatten (GKF)
 Karton weiß-gelblich, Beschriftung rot
- Gipskarton-Bauplatten imprägniert (GKBI)
 Karton grünlich, Beschriftung blau
- Gipskarton-Feuerschutzplatten imprägniert (GKFI) Karton grünlich, Beschriftung rot
- Gipskarton-Putzträgerplatten (GKP)
 Karton grau, Beschriftung blau
- Gipskarton-Trockenestrichplatten (GP) mit/ohne Trittschalldämmung

Anwendung
Gipskartonplatten dienen als Wand- und Deckenbekleidungen, als Decklage von Unterdecken, als Beplankung von Montagewänden sowie als Trockenestrich.
Sie dürfen dort eingesetzt werden, wo die Verwendung von Platten der Holzwerkstoffklasse 20 nach DIN 68800-2 erlaubt ist.
Zusätzlich darf die imprägnierte Platte auf der Außenseite der Außenwandelemente verwendet werden, wenn die Bedingungen des Zulassungsbescheides hinsichtlich eines dauerhaft wirksamen Wetterschutzes gegeben sind.
Gipskartonplatten dürfen als aussteifende Beplankung der Decken von Holzhäusern (unterseitig angebracht) sowie von geneigten Dächern eingesetzt werden.
Gipskartonplatten dürfen als mittragende und aussteifende Beplankung von Wandtafeln für Holzhäuser in Tafelbauart verwendet werden.

Herstellung
Gipskartonplatten werden im kontinuierlichen Betrieb auf großen Bandanlagen hergestellt. Der gebrannte und gemahlene Gips wird mit Wasser und Zusatzstoffen angemacht, auf die Unterlage gespritzt und zusammen mit dem Deck-Karton zur Platte geformt. Es folgt das Beschriften, Schneiden, Wenden, Trocknen und schließlich das Bündeln der Platten.
Im Verbund von Gipskern und Kartonummantelung, wirkt der Karton als Armierung der Zugzone und verleiht dem Gipskern damit die erforderliche Festigkeit und Biegesteifigkeit.

Hersteller (Auswahl)
Danogips GmbH
Fels-Werke GmbH
Gebr. Knauf Westdeutsche Gipswerke
Gyproc GmbH
Lafarge Gips GmbH
Lindner AG
Rigips GmbH

Informationen
Industriegruppe Gipsplatten

Bauplatten
Gipsfaserplatten

Für Ausschreibung und Bestellung:
- Gipsfaserplatte
- Zulassungsnummer
- Dicke, Länge, Breite

Abrechnung nach m²

Gipsfaserplatten

Bauaufsichtliche Zulassung:
  Z-9.1-187
  Z-PA-III 4.864
Wärmeleitfähigkeit:
  λ_R = 0,36 W/mK
Dampfdiffusionswiderstand:
  μ = 11
Rohdichte:
  ρ = 880–1250 kg/m³
Baustoffklasse:
  A 2

Material
Gipsfaserplatten sind homogene Platten aus einem Gemisch aus gebranntem Naturgips und Zellulosefasern. Die Zellulosefasern werden überwiegend aus Altpapier gewonnen und dienen als Bewehrung der Platte.

Anwendung
Gipsfaserplatten dienen als Wand- und Deckenbekleidungen, als Decklage von Unterdecken, als Beplankung von Montagewänden sowie mehrlagig als Trockenestrich. Als Verbundplatten mit Schaumkunststoff können sie zur zusätzlichen Wärmedämmung eingesetzt werden.

Gipsfaserplatten dürfen als mittragende und aussteifende Beplankung von Wandtafeln für Holzhäuser in Tafelbauart sowie für Gebäude in Holzskelettbauart verwendet werden.
Als aussteifende und tragende Wandbeplankung können Gipsfaserplatten gemäß der bauaufsichtlichen Zulassung überall dort eingesetzt werden, wo die Holzwerkstoffklasse 20 eingesetzt werden darf. Ihre Verwendung als Beplankung der Aussenseite von Aussenwandelementen ist zulässig, wenn ein dauerhaft wirksamer Wetterschutz gewährleistet ist.

Gipsfaserplatten sind zugleich Bau-, Feuerschutz- und Feuchtraumplatten.

Herstellung
Die in einem Recyclingverfahren aus Papier gewonnenen Zellulosefasern werden mit gemahlenem Gips durchsetzt. Das Gemisch wird nach Zugabe von Wasser ohne weitere Bindemittel unter hohem Druck zu Platten gepresst, getrocknet, mit einem wasserabweisenden Mittel imprägniert und formatiert.

Abmessungen:
Dicke:
  10, 12.5, 15, 18 mm
Formate:
  1000 × 1500 mm
  1245 × 2000 mm
  1245 × 2500 mm
  1245 × 2540 mm
  1245 × 2750 mm
  1245 × 3000 mm

Hersteller (Auswahl)
Fels-Werke
Lindner AG
Rigips GmbH

Dämmstoffe
Holzfaser

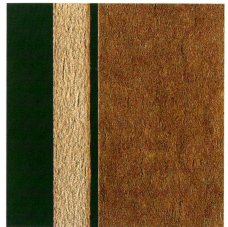

Holzfaser (SB.W)

DIN 68755
DIN EN 316
Wärmeleitfähigkeit:
 λ_R = 0,045 – 0,060 W/mK
Dampfdiffusionswiderstand:
 μ = 5 – 10
Rohdichte:
 ρ = 130 – 450 kg/m³
Baustoffklasse:
 B 2
Wärmespeicherzahl:
 S: 360 kJ/m³K
Anwendungstypen:
 W, WL, TK (siehe Anhang)

Material
Poröse Holzfaserdämmplatten sind aus zerfasertem Holz von Fichte, Tanne und Kiefer im Nassverfahren hergestellt. Während der Formgebung weisen sie eine Faserfeuchte von mehr als 20% auf. Im Gegensatz zu mittelharten und harten Holzfaserplatten liegt die Rohdichte der Holzfaserdämmplatten unter 450 kg/m³.

Anwendung
Holzfaserdämmplatten werden als Wärmedämmung im Bereich Boden, Wand, Decke und Dach, weiterhin als Trittschalldämmung unter Estrich, Trockenestrich und Holzfußböden, sowie als schallschluckende Platte für akustische Zwecke eingesetzt.

Der Einbau der Platten erfolgt je nach Anwendungsbereich u.a. durch stumpfen Stoß, Fälzung oder Nut- und Feder. Die Platten werden lose verlegt, mechanisch befestigt oder verklebt. Eine spezielle Fugenabklebung kann für die Winddichtigkeit erforderlich werden.

Holzfaserplatten müssen wie unbehandeltes Holz vor UV-Strahlen und Feuchtigkeit geschützt werden. Bei einer Holzfeuchte unter 20% ist ein Befall durch Holzschädlinge (Bakterien, Pilze, Insekten) nicht zu erwarten.
Holzfaserplatten werden als putzfähiges Dämmelement für Außenwände angeboten und eignen sich außerdem als Verbundelement mit Hartfaser- oder Gipsplatten.

Abmessungen
Dicke:
 6 – 80 mm
Breite:
 400 – 1220 mm
Länge:
 1200 – 2500 mm

Für Ausschreibung und Bestellung:
• Hersteller
• DIN
• Anwendungstyp
• Dicke
• Breite
• Länge
Abrechnung nach m²

Herstellung
Beim Nassverfahren werden einheimische Nadelholzabfälle zerhackt und zerschnitzelt. Die Holzspäne werden in einem Reaktionsbehälter mit Dampf aufgeschlossen und anschließend durch Mahlscheiben mechanisch zerfasert. Dem Faserbrei werden Zusatzstoffe und gegebenenfalls Holzschutzmittel beigemischt. Anschließend wird er auf Langsiebmaschinen zu einem flachen Vlies ausgebreitet und durch Unterdruck oder Pressen entwässert. Danach erfolgt die endgültige Formgebung und Trocknung.
Dickere Platten (ab 25 – 30 mm) werden durch Verklebung einzelner Platten hergestellt.

Hersteller (Auswahl)
Emfa Baustoff GmbH
Glunz AG
Gutex
Holzfaserplattenwerk Schönheide GmbH
Pavatex
Steinmann

Dämmstoffe
Bituminierte Holzfaser

Bitumierte Holzfaser (BPH)

DIN 68752
Wärmeleitfähigkeit:
 λ_R = 0,056–0,060 W/mK
Dampfdiffusionswiderstand:
 μ = 5–10
Rohdichte:
 ρ = 200–350 kg/m³
Baustoffklasse:
 B 2
Wärmespeicherzahl:
 S = 630 kJ/m³K
Anwendungstypen:
 W, WL (siehe Anhang)

Material
Bitumen-Holzfaserplatten sind poröse Holzfaserplatten, die mit einem Zusatz von Bitumen hergestellt werden.
Man unterscheidet Bitumen-Holzfaserplatten:
- mit 10–15% Bitumenzusatz (feuchtebeständig) und einer Wasseraufnahme unter 25% (BPH1)
- mit mehr als 15% Bitumenzusatz (erhöht feuchtebeständig) und einer mittleren Wasseraufnahme unter 20% (BPH2).

Anwendung
Das vorwiegende Verwendungsgebiet liegt bei Aussenwänden, Dachausbau und Unterböden. Bituminierte Holzfaserplatten können als wasser- und winddichte Schicht unter der Dacheindeckung verwendet werden. Durch den Bitumenanteil sind sie feuchteunempfindlich, unverrottbar, resistent gegen Pilze und Insekten.

Für Ausschreibung und Bestellung:
- Hersteller
- DIN
- Anwendungstyp
- Dicke
- Breite
- Länge
Abrechnung nach m²

Herstellung
Die Herstellung der bituminierten Holzfaserplatten ist mit dem Herstellungsverfahren von poröser Holzfaser identisch, wobei jedoch dem Faserbrei noch zusätzlich eine Bitumenemulsion beigemischt wird.

Abmessungen
Dicke:
 6 – 25 mm
Breite:
 400 – 1220 mm
Länge:
 2440, 2500 mm

Hersteller (Auswahl)
Emfa Baustoff GmbH
Gutex
Isofloc Wärmedämmtechnik GmbH
Pavatex

Dämmstoffe
Kork

Kork

DIN 18161-1
Wärmeleitfähigkeit:
  λ_R = 0,040 – 0,055 W/mK
Dampfdiffusionswiderstand:
  μ = 5 – 10
Rohdichte:
  ρ = 80 – 200 kg/m³
Baustoffklasse:
  B 2
Wärmespeicherzahl:
  S: 223 kJ/m³K
Anwendungstypen:
  W, WD, WS (siehe Anhang)

Abmessungen
Dicke:
  20 – 100 mm
Format:
  500 × 1000, 600 × 1200 mm

Für Ausschreibung und Bestellung:
• Hersteller
• DIN
• Anwendungstyp
• Dicke
• Breite
• Länge
Abrechnung nach m²

Material
Kork, die Rinde der Korkeiche, wird als Naturgranulat oder als expandiertes Granulat (Blähkork, Backkork) in Form von Dämmplatten und Schüttungen angeboten.
Die hauptsächlich im westlichen Mittelmeerraum heimischen Korkeichen können alle 8–10 Jahre geschält werden. Sie erreichen ein Alter von 100–150 Jahren.

Anwendung
Kork gilt bei Durchfeuchtung als verrottungs- und fäulnisfest. Bei längerer Nässe ist jedoch Pilzbefall möglich.
Dämmplatten aus Kork werden lose verlegt, genagelt, gedübelt oder verklebt. Granulate werden geschüttet oder eingeblasen.
Dämmkork ist in druckbelasteten Einsatzbereichen und als Trittschalldämmung besonders geeignet. Die Verwendung von Kork im Wärmeverbundsystem ist möglich.

Herstellung
Je nach Verwendung gibt es verschiedene Verarbeitungsweisen zu Dämmmaterial:

Naturkorkschrot entsteht durch Schroten des Rohkorks zu Granulat und wird ohne Zusätze als Dämmschüttung verwendet.

Bei der Herstellung von expandiertem Kork wird dem Naturkorkgranulat unter Druck und Luftabschluss überhitzter Wasserdampf zugeführt. Das korkeigene Harz (Suberin) wandert an die Außenseite der Körner und verklebt sie miteinander. Je nach Harzgehalt ist hierzu eine mehr oder weniger hohe Temperatur des Wasserdampfs notwendig. Anschließend werden die Blöcke zu Platten geschnitten oder granuliert.

Beim imprägnierten Kork wird dem erhitzten Granulat zusätzlich ein Bindemittel z.B. Kunstharz oder Bitumen zugesetzt.

Hersteller (Auswahl)
Cortex
Emfa Baustoff GmbH
Gradl & Stürmann
Heck Dämmsysteme GmbH
Henjes Naturschrot
Röthel GmbH & Co KG
Zipse Korkvertrieb

Dämmstoffe
Polystyrol expandiert

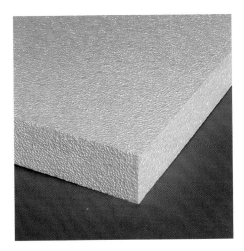

Polystyrol expandiert (EPS)

DIN 18164-1
Wärmeleitfähigkeit:
  λ_R= 0,035–0,040 W/mK
Dampfdiffusionswiderstand:
  μ= 20–100
Rohdichte:
  ρ= 15–30 kg/m³
Baustoffklasse:
  B 1
Wärmespeicherzahl:
  S= 43 kJ/m³K
Anwendungstypen:
  W, WL, WD, WS, TK (siehe Anhang)

Abmessungen
Dicke:
  10 – 200 mm
Format:
  500 × 1000 mm

Material
Schaumkunststoffe sind Produkte aus der Erdölverarbeitung, die durch Aufschäumen des Rohstoffs unter Hinzugabe von Treibgasen hergestellt werden. Sie haben eine poröse Struktur und stehen vorwiegend als Hartschäume zur Verfügung.

Expandiertes Polystyrol, auch Partikelschaum genannt, ist ein überwiegend geschlossenzelliger, harter Schaumkunststoff, der aus dem Granulat „Styropor" zu Platten, Formteilen und Bahnen verarbeitet wird. Es ist beständig gegen Verrottung, Pilzbefall und Ungeziefer, nicht aber gegen ständige Feuchtigkeit.

Anwendung
Typische Einsatzgebiete sind nicht hinterlüftete Flachdächer, wobei ein Schutz vor Heißbitumen notwendig ist, und Wärmedämm-Verbundsysteme (WDVS) für Außenwände.
Ein Problem bereiten die steifen Schaumkunststoffplatten beim Einbau in Gefache, da sie das Schwinden des Holzes nicht kompensieren können.
Häufig werden EPS-Platten auch als Sandwichkonstruktion mit unterschiedlichen Materialien verbunden, z.B. mit Faserzementplatten als Fassadenelemente, mit Holzwerkstoffen und Gipskarton als Wand- und Dachelemente.
In Fußbodenkonstruktionen werden EPS-Schaumstoffplatten als Trittschall- und als Wärmedämmung verwendet. Lose Polystyrolpartikel können auch als Schüttung eingesetzt werden.

Für Ausschreibung und Bestellung:
- Hersteller
- DIN
- Anwendungstyp
- Plattentyp
- Dicke
- Breite
- Länge
Abrechnung nach m²

Herstellung
Die Herstellung erfolgt in drei Stufen:
- Vorschäumen
  Die kompakten Perlen werden mit heißem Wasserdampf aufgeheizt und unter dem Druck des Treibmittels Pentan zu Schaumkugeln aufgebläht.
- Zwischenlagerung
  Die aufgeschäumten Perlen werden abgekühlt und getrocknet.
- Aufschäumen
  Die vorgeschäumten Perlen werden mit Wasserdampf in festen Formen weiter aufgebläht und miteinander verschweißt. Zur Herstellung von Platten werden Blockformen produziert, aus denen durch Sägen oder Heißdrahtschneiden Platten hergestellt werden.

Hersteller (Auswahl)
BASF
Joma
Schwenk

Informationen
Industrieverband Hartschaum e.V.

Dämmstoffe
Polystyrol extrudiert

Für Ausschreibung und Bestellung:
- Hersteller
- DIN
- Anwendungstyp
- Dicke
- Breite
- Länge

Abrechnung nach m²

Polystyrol extrudiert (XPS)

DIN 18164-1
Wärmeleitfähigkeit:
  λ_R = 0,030–0,040 W/mK
Dampfdiffusionswiderstand:
  μ = 80–200
Rohdichte:
  ρ = 25–45 kg/m³
Baustoffklasse:
  B 1, B 2
Wärmespeicherzahl:
  S: 58 kJ/m³K
Anwendungstypen:
  W, WD, WS (siehe Anhang)

Material
Polystyrol-Extruderschaum ist ein harter, geschlossenzelliger Schaumstoff. Vom expandierten Polystyrol unterscheidet ihn die andere Herstellungsart. Polystyrol-Extruderschaum zeichnet sich durch eine geringe Feuchtigkeitsaufnahme aus, ist unverrottbar, alterungs- und fäulnisbeständig, jedoch nicht beständig gegen UV-Strahlung.

Anwendung
Extruderschaum wird für alle Zwecke des Wärmeschutzes eingesetzt. Trittschalldämmplatten werden daraus nicht hergestellt.
Die Hauptanwendungsgebiete sind die Dämmung von Umkehrdächern und die Perimeterdämmung.
Ein Problem bereiten die steifen Schaumkunststoffplatten beim Einbau in Gefache, da sie das Schwinden des Holzes nicht kompensieren können.

Herstellung
Bei der Herstellung von Polystyrol-Extruderschaum wird das im Extruder erwärmte und aufgeschmolzene Polystyrol durch Beimischen eines Treibmittels aufgeschäumt. Der so hergestellte Schaum wird kontinuierlich aus Schlitzdüsen zu Platten gepresst. Dadurch weisen diese eine glatte, geschlossene Schäumhaut auf und können als Perimeterdämmung für erdberührte Bauteile und als Dämmung für Umkehrdächer eingesetzt werden. Bei Verwendung für andere Zwecke werden Blöcke geschäumt und zu Platten aufgeschnitten.

Abmessungen
Dicke:
  20 – 200 mm
Breite:
  600 mm
Länge:
  1250, 2500 mm

Hersteller (Auswahl)
BASF
DOW Deutschland
Gefinex

Informationen
Industrieverband Hartschaum e.V

Dämmstoffe
Polyurethan

Polyuretan (PUR)

DIN 18164-1
Wärmeleitfähigkeit:
  λ_R = 0,020 – 0,030 W/mK
Dampfdiffusionswiderstand:
  μ = 30 – 100
Rohdichte:
  ρ = 22 – 100 kg/m^3
Baustoffklasse:
  B 1, B 2
Wärmespeicherzahl:
  S = 43 kJ/m^{3}K
Anwendungstypen:
  W, WD, WS, WDS (siehe Anhang)

Abmessungen
Dicke:
  10 – 300 mm
Breite:
  500 – 1200 mm
Länge:
  1000 – 3000 mm

Material
Grundstoff für Polyurethan sind verschiedene Rohölprodukte mit unterschiedlicher Vernetzungsdichte und Rohdichte. Polyurethan-Hartschaum zeichnet sich durch eine geringe Feuchtigkeitsaufnahme aus, ist unverrottbar, alterungs- und fäulnisbeständig, jedoch nicht beständig gegen UV-Strahlung.
Im Gegensatz zu Polystyrol kann PUR-Hartschaum eine Temperaturbelastung bis 250°C aufnehmen.

Polyurethan wird sowohl als Hartschaum als auch als Ortschaum hergestellt.
- Polyurethan-Hartschaum ist ein stark vernetzter duroplastischer Kunststoff, der zu einem in der Regel geschlossenzelligen Gebilde aufgeschäumt ist (Geschlossenzelligkeit ca. 90%). Für spezielle Anwendungen gibt es auch offenzellige Typen. Es werden kaschierte und unkaschierte Platten angeboten.
- PUR-Ortschaum wird an der Anwendungsstelle hergestellt. Er dient der Dämmung von Dächern und dem Verfüllen und Abdichten von Bauwerksfugen z.B. von Türen und Fenstern.

Anwendung
Eingesetzt wird PUR-Schaum:
- Als Flachdachdämmung (PUR-Hartschaum ist gegen Heißbitumen beständig),
- als Steildachdämmung auf, zwischen und unter den Sparren,
- als Wärmedämmung der Außenwand bei hinterlüfteten Fassaden,
- als Bestandteil von Sandwich- und Verbundelementen.

Ein Problem bereiten die steifen Schaumkunststoffplatten beim Einbau in Gefache, da sie das Schwinden des Holzes nicht kompensieren können.

Für Ausschreibung und Bestellung:
- Hersteller
- DIN
- Anwendungstyp
- Dicke
- Breite
- Länge

Abrechnung nach m^2

Herstellung
PUR-Hartschaumplatten werden in zwei unterschiedlichen Verfahren hergestellt:

Im Doppelbandverfahren wird das aufgeschäumte Gemisch (Treibgas Pentan) auf eine untere Deckschicht aufgetragen und anschließend mit einer oberen Deckschicht verklebt.
Als Deckschichten kommen Mineralvlies, Glasvlies, Papier, Metall- oder Verbundfolien, Dach- und Dachdichtungsbahnen zum Einsatz.

Im Blockschaumverfahren strömt das Reaktionsgemisch in eine Blockform. Die so entstandenen Blöcke werden nach dem Aushärten und Ablagern zu Platten aufgeschnitten.

Hersteller (Auswahl)
Bauder
Correcthane
Puren Schaumstoff GmbH

Informationen
Industrieverband Hartschaum e.V.

Dämmstoffe
Mineralfaser

Mineralfaser (KMF)

DIN 18165-1+2
Wärmeleitfähigkeit:
 λ_R= 0,035 – 0,050 W/mK
Dampfdiffusionswiderstand:
 μ= 1–2
Rohdichte:
 ρ= 12 – 250 kg/m³
Baustoffklasse:
 A 1, A 2
Wärmespeicherzahl:
 S= 115 kJ/m³K
Anwendungstypen:
 W, WL, WD, WS, WDS, WV, T, TK
 (siehe Anhang)

Abmessungen
Dicke:
 20 – 200 mm
Breite:
 600, 625, 1200 mm
Länge:
 1200, 1250, 6000 mm

Für Ausschreibung und Bestellung:
• Hersteller
• DIN
• Anwendungstyp
• Dicke
• Breite
• Länge
Abrechnung nach m²

Material
Mineralfaser ist eine aus Glas-, Stein- und Schlackenschmelze hergestellte, künstliche Faser, die als Wärmedämmung in Form von Bahnen, Matten, Filzen oder Platten unterschiedlicher Dichte produziert. Dem Rohstoff nach wird zwischen Glasfaser (gelbe Farbe) und Steinfaser (olivgrüne Farbe) unterschieden.
Mineralfaserdämmung, auch Mineralwolle, muss vor Feuchtigkeit geschützt werden. Sie ist beständig gegen Mikroorganismen und Ungeziefer und verrottet nicht. Je nach Verwendungszweck sind Verbundwerkstoffe aus Filzen und Platten mit Papier-, Aluminium- oder Kunststoffkaschierung erhältlich.

Anwendung
Für Mineralfaser-Dämmstoffe gibt es ein breites Einsatzgebiet als Schall-, Trittschall- und Wärmedämmung, wobei für jedes Anwendungsgebiet ein spezielles Material zur Verfügung steht.
Bahnen werden als wärmedämmende und schallabsorbierende Auflagen auf Decken und Wände verwendet. Verbundwerkstoffe aus Mineralfaser und Papier/Alu-Folie haben eine spezielle Randausbildung zur Befestigung zwischen Kanthölzern (z.B. Sparren).
Platten werden für Wände, z.B. auf der Außenseite von Mauerwerk hinter einer Wetterschutzschicht, im Wärme-Verbundsystem oder mit entsprechender Zulassung als Kerndämmung verwendet.
In Böden kommen sie als Trittschalldämmung zum Einsatz. Aufgrund der relativ leichten Zusammendrückbarkeit sollen die Trittschalldämmplatten aus Mineralfaser möglichst dünn ausgeführt werden.
Da Mineralwolle nicht brennbar ist, wird sie in Bereichen mit besonderen Brandschutzanforderungen eingesetzt.

Herstellung
Rohstoffe für Glasfasern sind Quarzsand, Natriumcarbonat, Kalkstein, Dolomit, Feldspat, Borax, und bis zu 70% Altglas. Zur Herstellung von Steinfaser werden Basalt oder Diabas, Kalkstein, Dolomit und Flussmittel verwendet.
Die Rohstoffe werden bei 1200 – 1400°C geschmolzen, durch feine Düsen geblasen oder geschleudert, zerfasert und anschließend zu einem wollartigen Gebilde verfilzt. Zusätzlich werden Kunstharze als Bindemittel zugesetzt. Wasserabweisende Öle sollen den auftretenden Faserstaub binden.
Außerdem finden hydrophobierende Stoffe und Haftvermittler Verwendung.

Hersteller (Auswahl)
Deutsche Heraklith
Deutsche Owens-Corning Glasswool
Deutsche Rockwool
Pfleiderer
Saint-Gobin Isover G + H AG
Thüringer Dämmstoffwerke

Dämmstoffe
Schafwolle / Baumwolle

Für Ausschreibung und Bestellung:
- Hersteller
- Zulassungsnummer
- Anwendungstyp
- Lieferform
- Dicke
- Breite
- Länge

Abrechnung nach m²

Schafwolle

Bauaufsichtliche Zulassung:
Z-23.11-1022
Z-23.11-332
Z-23.1.3.-253
Wärmeleitfähigkeit:
λ_R = 0,040 W/mK
Dampfdiffusionswiderstand:
μ = 1–2
Rohdichte:
ρ = 20–80 kg/m³
Baustoffklasse:
B 2
Anwendungstypen:
W, WL (siehe Anhang)

Lieferform / Abmessungen
Wolle und Zopf jeweils in Säcken
Matten:
 Dicke: 20 – 220 mm
 Breite: 450 – 1000 mm
 Länge: 1000 – 8000 mm

Material
Schafwolle ist eines der ältesten Materialien, mit dem sich der Mensch vor Kälte schützt. Schafwolle-Vliesbahnen bestehen zu 100% aus Schafschurwolle. Für Schafwollfilze werden zu 50% recycelte Altwolle eingesetzt. Durch den Zusatz von Borax ist Schafwolle weitgehend resistent gegen Insekten und Schimmelpilze.

Anwendung
Schafwolle wird in Formen von Dämmmatten, Dämmzöpfen und Stopfwolle als Wärme- und Schalldämmung in Dächern, Wänden und Decken eingesetzt, sowie als Trittschalldämmung in Form von Filzen verwendet.

Schafwolle hat nach Angabe verschiedener Hersteller ein hohes Vermögen, Feuchtigkeit aufzunehmen, (bis zu 30%) und im Unterschied zu anderen Faserdämmstoffen trotzdem eine beträchtliche Dämmfähigkeit zu bewahren.

Herstellung
Die Wolle wird gründlich mit Seife und Soda gewaschen. Das Reinigungsmittel wird anschließend durch mehrfaches kaltes Auswaschen vollständig herausgespült. Danach erfolgt die mechanische Verfilzung und Imprägnierung. Im letzten Spülgang wird neben Borax (nicht bei allen Herstellern) noch ein Harnstoffderivat, Sulcoforen, als vom Gesetzgeber gefordertes Schutzmittel gegen keratinverdauende Insekten (z.B. Motten, Teppichkäfer) zugegeben. Bei Dämmstoffdicken ab 120 mm wird bei verschiedenen Herstellern zur Verbesserung der Formstabilität Polyester oder Baumwolle als Bindefaser eingesetzt.

Hersteller (Auswahl)
Doppelmayer
Falke Garne KG
Klöber
Purwoll GmbH
ROWA F. Rothmund GmbH
Thermowoll Dämmstoff GmbH

Baumwolle

Bauaufsichtliche Zulassung:
Z-23.11-251
Z-23.11-308
Z-23.11-1056
Wärmeleitfähigkeit:
λ_R = 0,040–0,045 W/mK
Dampfdiffusionswiderstand:
μ = 1–2
Rohdichte:
ρ = 20–60 kg/m³
Baustoffklasse:
B 1, B 2
Anwendungstypen:
W, WL (siehe Anhang)

Lieferform / Abmessungen
Filze (Dicke: 2 – 20 mm):
 Breite: 625, 1200, 1800 mm
Matten (Dicke: 50 – 180 mm):
 Breite: 500 – 1200 mm

Material
Dämmung aus Baumwolle besteht zu 97% aus Samenhaaren des Baumwollstrauches. Die Langhaare der Samen sind zu über 90% aus Zellulose. Als Zusatzstoff ist bis zu 3% Borax vorhanden.

Anwendung
Anwendungsbereiche sind Wärme- und Schalldämmung von Dach-, Wand- und Deckenhohlräumen. Dämmfilze werden als Trittschalldämmung eingesetzt. Baumwolldämmung ist gegen Schimmel beständig. Eine Schädigung durch Kleidermotten, Teppichkäfer, Insekten und Nagetiere kann ausgeschlossen werden.

Herstellung
Die Baumwolle aus tropischen bis subtropischen Anbaugebieten wird zu einem Vlies verarbeitet, das anschließend bis zur gewünschten Dicke geschichtet wird. Baumwolle kommt als Matte, Filz, Stopf- oder Einblaswolle, und als Dämmzopf in den Handel.

Hersteller (Auswahl)
Isocotton GmbH
K + K ISO Baumwolle

Dämmstoffe
Flachs/Hanf

Für Ausschreibung und Bestellung:
- Hersteller
- Zulassungsnummer
- Anwendungstyp
- Dicke
- Breite
- Länge

Abrechnung nach m²

Flachs

Bauaufsichtliche Zulassung:
Z-23.11-239
Z-23.11-276
Z-23.11-1010
Wärmeleitfähigkeit:
λ_R = 0,040 W/mK
Dampfdiffusionswiderstand:
μ = 1–2
Rohdichte:
ρ = 25 kg/m³
Baustoffklasse:
B 2
Anwendungstypen:
W, WL (siehe Anhang)

Abmessungen
Dicke:
40, 60, 80, 100 mm
Breite:
500–1200 mm
Länge:
10 000 mm

Material
Flachs ist eine zu den Bastfasern gehörende Textilfaser, die aus der ca. 1m langen Flachspflanze gewonnen wird. Flachs ist als Dämmung gegen Schimmelpilze resistent und kann bis zu 20% seines Eigengewichts an Feuchtigkeit aufnehmen und wieder abgeben.

Anwendung
Wärmedämmatten aus Flachs finden Verwendung für Dach-, Wand- und Bodendämmung.
Dämmfilze dienen als Trittschalldämmung. Hohlraumflocken (kleingeschnittene Dämmmatten) und Schäben (Holzteile der Stengel) werden zum Ausfüllen von Hohlräumen, z.B. Fehlböden, verwendet.
In Form von Rohrschalen kommt Flachs für die Dämmung von Leitungen und Rohren zum Einsatz.

Herstellung
Der Stengel der Flachspflanze wird nach der Ernte von Samenkapseln und Blättern getrennt und anschließend geröstet, um die Faserbündel von Bindestoffen zu befreien. Dann folgt das Waschen, Trocknen, Brechen, Schwingen (Trennung der Fasern vom Holz der Stengel) und Zerkleinern. Der Zelluloseanteil der so erhaltenen Kurzfasern bildet dann den Wärmedämmstoff. Um ein gutes Rückstellvermögen zu erreichen wird meist noch Polyester als Stütz- und Bindefaser hinzugefügt. Je nach Hersteller kommt es auch zum Einsatz von Borax, Wasserglas oder Ammoniumphosphat um die Fasern gegen Brand zu schützen.

Hersteller (Auswahl)
Deutsche Heraklith GmbH
Flachshaus GmbH
Pavatex GmbH
Stattbauhof GmbH
Best Naturdämmstoffe

Hanf

Bauaufsichtliche Zulassung:
Z-23.11-1341,
ETA 02/0015 (europ. Zulassung)
Wärmeleitfähigkeit:
λ_R = 0,045 W/mK
Dampfdiffusionswiderstand:
μ = 0,5–1
Rohdichte:
ρ = 20–40 kg/m³
Baustoffklasse:
B 2
Anwendungstypen:
W, WL (siehe Anhang)

Abmessungen
Dicke:
20–240 mm
Format:
575/600/625/635 × 1200 mm
1000 × 2000 mm

Material
Hanffasern sind reißfest, hochbelastbar und daher auch als Trittschalldämmung geeignet. Da Hanffasern kein Eiweiß enthalten, sind sie ohne Zusatzmittel gegen den Befall von Ungeziefer und Schimmel geschützt.
Hanffasern können bis zu 18 % ihres Eigengewichts an Feuchtigkeit aufnehmen und bei trockener Luft wieder abgeben. Sie wirken daher ausgleichend auf das Raumklima.
Hanfdämmstoffe können rezykliert werden.

Anwendung
Matten aus Hanf werden zur Wärmedämmung von Wand, Decke und Boden verwendet, als Unter oder Zwischensparrendämmung wie auch zur Trittschalldämmung (d=15/20/30 mm) unter Estrichen.

Herstellung
Seit 1996 dürfen in Deutschland rauschgiftarme Hanfsorten angebaut werden. Die Hanffaser wird aus der schnellwüchsigen Hanfpflanze gewonnen, die zweimal im Jahr geerntet werden kann.
Als Flammschutz werden gesundheitlich unbedenkliche Mittel, wie z.B. Soda oder Ammoniumphosphat zugesetzt.
Im Handel sind reine Hanfdämmstoffe und solche mit Zumischungen aus Schafwolle. Letztere müssen ungezieferresistent ausgerüstet werden. Als Stützfasern werden textile Fasern z.B. aus Polyester zugesetzt.

Hersteller (Auswahl)
Emfa Baustoff GmbH
Hock Vertriebs-GmbH & Co KG
Saint-Gobin Isover G + H AG
Treuhanf AG

Dämmstoffe
Kokos

Kokos

DIN 18165
Wärmeleitfähigkeit:
  λ_R = 0,045 – 0,050 W/mK
Dampfdiffusionswiderstand:
  μ = 1 – 2
Rohdichte:
  ρ = 50 – 140 kg/m³
Baustoffklasse:
  B 2
Wärmespeicherzahl:
  S = 22 – 57 kJ/m³K
Anwendungstypen:
  W, WL, T, TK (siehe Anhang)

Material
Aus der äußeren, faserigen Schicht der Kokosnuss wird die Kokosfaser in Form von Rollfilzen, Dämmplatten, Zöpfen und Stopfwolle gewonnen.

Anwendung
Kokosfaserdämmplatten gibt es als:
• Estrichdämmplatten, mehrfach vernadelt und gepresst, für Nass- und Trockenestrich sowie für Gussasphalt.
• Kokoswandplatten für luftschalldämmende Vorsatzschalen und Zwischenwände.
• Kokosrollfilze genadelt, für Hohlraumdämmung von Wänden und Böden, Wärmedämmung bei Dächern und Wänden sowie zur Schalldämmung und zum Ausstopfen von Tür- und Fensterfugen.
Kokosdämmstoffe stehen in Plattenform und als Rollfilze zur Verfügung.

Für Ausschreibung und Bestellung:
• Hersteller
• DIN
• Anwendungstyp
• Lieferform
• Dicke
• Breite
• Länge
Abrechnung nach m²

Herstellung
Die bis zu 10 cm starke, faserige Schicht wird überwiegend in Handarbeit von der Kokosnuss abgelöst und anschließend für 6 bis 10 Monate in Seewasser gelagert, wobei alle verderblichen Bestandteile verfaulen (Röstung). Die nutzbaren Fasern werden getrocknet und anschließend aufgelockert, veredelt und bei Bedarf gepresst und geformt.

Abmessungen:
Platten:
Dicke:
  13, 18, 20, 23, 25, 28, 40 mm
Breite:
  625 mm
Länge:
  1250 mm
Rollfilze:
Dicke
  20, 25, 35 mm
Breite:
  400, 500, 670, 1000 mm
Länge:
  10 000 mm

Hersteller (Auswahl)
EZO Isolierstoffe GmbH
Emfa Baustoff GmbH
Röthel GmbH & Co KG
Zipse Korkvertrieb

Dämmstoffe
Zellulose

Für Ausschreibung und Bestellung:
• Hersteller
• Zulassungsnummer
• Anwendungstyp
• Dicke
Abrechnung nach m³

Zellulose

Bauaufsichtliche Zulassung:
 Z-23.11-280
 Zusätzlich gilt bei der Verwendung
 DIN 18165-1 Faserdämmstoffe.
Wärmeleitfähigkeit:
 λ_R = 0,040–0,045 W/mK
Dampfdiffusionswiderstand:
 μ = 1–2
Rohdichte:
 ρ = 30–80 kg/m³
Baustoffklasse:
 B 1, B 2
Wärmespeicherzahl:
 S = 100 kJ/m³K
Anwendungstypen:
 W, WL (siehe Anhang)

Material
Der Grundstoff für alle Zelluloseflocken ist Altpapier. Borsalze zum Schutz vor Fäulnis und leichter Entflammbarkeit werden zugesetzt.
Zelluloseflocken besitzen eine lose Struktur und werden in Hohlräume bzw. auf horizontale, gewölbte oder geneigte Flächen geblasen.
Die Flocken werden durch den Einblasdruck auf eine Dichte von etwa 45–60 kg/m³ in Dachschrägen und 60–70 kg/m³ in senkrechten Wänden zusammengedrückt.

Anwendung
Typisches Einsatzgebiet ist die Wärmedämmung der Hohlräume von Dach, Wand und Decke.
Die Verarbeitung erfolgt für offene Decken durch Schüttung oder im Aufblasverfahren, für Dächer und Decken durch das Einblasverfahren und für Wände angefeuchtet im Sprühverfahren.
Die Dämmstoffflocken sind keinem Anwendungstyp nach DIN 18165-1 zuzuordnen. Sie können nur in geschlossenen Hohlräumen eingesetzt werden. Sie sind nicht druckbelastbar und vor Feuchtigkeit zu schützen.
Voraussetzung für den Einsatz ist die Einhaltung des Holzschutzes mit Gefährdungsklasse 0 nach DIN 68800.

Herstellung
Zellulose ist ein aus feinen Flocken zerfasertes recyceltes Zeitungspapier, das zum Schutz gegen Brand, Verrottung und Schädlingsbefall mit Borsalzen (Borax und Borsäure) imprägniert wird.
Das Papier wird vorzerkleinert, die Borsalze pulverförmig zudosiert und beide Komponenten in einem Mahlverfahren gemischt und miteinander mechanisch verbunden. Die Fasermischung wird entstaubt, leicht verdichtet und in Papiersäcke verpackt.

Hersteller (Auswahl)
Besin Mehren GmbH
Dobry GmbH
Climacell GmbH
Climatizer
C.F.F. Cellulose
CWA Cellulose
Homann Dämmstoffwerk GmbH & Co.KG
Intercel GmbH
Isofloc Wärmedämmtechnik GmbH
Stattbauhof GmbH

Lieferform
Papiersäcke je 12,5 kg und 13,6 kg

Dämmstoffe
Perlite/Blähton

Für Ausschreibung und Bestellung:
Perlite:
• Hersteller
• Lieferform
• Zulassungsnummer
Blähton:
• Hersteller
• DIN

Abrechnung nach m²/m³

Perlite

Nicht genormt
Bauaufsichtlich zugelassen
Wärmeleitfähigkeit:
  λ_R= 0,55 – 0,66 W/mK
Dampfdiffusionswiderstand:
  μ= 3 – 4,5
Rohdichte:
  ρ= 60 – 300 kg/m³
Baustoffklasse:
  A 1, bei Ummantelung mit Bitumen
  B 2, bei Ummantelung mit Naturharz

Lieferform, Abmessungen
Papiersäcke
Platten:
  Dicke: 20 – 200 mm
  Format: 600 × 1200 mm

Material
Ausgangsstoff ist Perlit-Gestein, ein bei vulkanischen Aktivitäten bei Temperaturen über 1000° C entstandenes Aluminium-Silikat-Gestein. Es wird im Tagebau in den Herkunftsländern z.B. Griechenland und Nordamerika gewonnen. Bei den Blähperliten kommt es zum Einsatz verschiedenster Zusatzmittel. Zu nennen sind vor allem Bitumen, Natur- und Kunstharze und mineralische Bindemittel.

Anwendung
Anwendungsbereiche von Blähperlite ist die Dämmung von Geschossdecken und Dachschrägen, die Ausgleichsschüttung unter Fußbodenkonstruktionen, die Gefälledämmung von Flachdächern und die Kerndämmung von zweischaligem Mauerwerk. Außerdem dient Perlite als Kamindämmschüttung und als Leichtzuschlag für Putze und Mörtel.
Durch die außerordentlich hohe Belastbarkeit werden Perlite-Platten sogar unter hochbelasteten Estrichen und Böden eingesetzt.

Herstellung
Das Rohgestein wird zerkleinert, gemahlen und anschließend schlagartig auf über 1200°C erhitzt. Dabei erweicht das Gestein, wobei die gebundene Feuchtigkeit verdampft und das Rohperlit zu einem Vielfachen (15 – 20 fache) seines ursprünglichen Volumens aufgebläht wird (Gesteinsschaum). Es entsteht ein weißes Granulat in den Korngrößen 0 – 6 mm.
Das aus mikrofeinen Zellen bestehende Korn besitzt eine offenporige Oberfläche, die eine gute Verzahnungsmöglichkeit als Trockenschüttung aufweist und besonders temperaturunempfindlich ist.
Um die vorhandene Feuchteempfindlichkeit zu beheben oder um die Druckfestigkeit zu erhöhen, werden verschiedene Zusätze beigegeben.
Zusammen mit Fasern und Bindemitteln werden druckfeste Platten produziert.
(WD, WS)

Hersteller (Auswahl)
Morgan Thermal Ceramics GmbH
Perlite Dämmstoff GmbH

Blähton

Nicht genormt
Wärmeleitfähigkeit:
  λ_R= 0,13 – 0,20 W/mK
Dampfdiffusionswiderstand:
  μ= 2 – 8
Rohdichte:
  ρ= 325 – 800 kg/m³
Baustoffklasse:
  A1
Wärmespeicherzahl:
  S= 252 kJ/m³K

Lieferform
Lose per LKW, Bahn, Schiff
in Säcken zu je 50, 62.5, 100 l

Material
Blähton ist ein mineralisches Granulat aus Ton. Blähton ist formstabil, wasserabweisend, unverrottbar und auch gegen Mikroorganismen und Ungeziefer beständig. Als mineralisches Material ist er nicht brennbar.

Anwendung
Blähton wird als Hohlraumschüttung zur Schall- und Wärmedämmung (z.B. im Zwischendeckenbereich) eingesetzt oder aber lose als Leichtzuschlag für Mauersteine, Putze, Betone (Leichtbeton) etc. verwendet.

Herstellung
Der Ton wird aufbereitet, fein gemahlen, granuliert und in Drehöfen im Gegenstromverfahren bei ca. 1200°C gebrannt. Die im Ton eingeschlossenen organischen Stoffe verbrennen. Unterstützt von Schweröl, blähen die Tonkugeln auf. Gleichzeitig schmilzt die Oberfläche etwas auf und bildet eine gesinterte Außenhaut.

Hersteller (Auswahl)
Fibrolith WilmsGmbH
Leca Deutschland
Lias Franken

Baupapiere/Folien
Dampfbremse/Dampfsperre

Dampfbremse / Dampfsperre

DIN 4108-4

Für Ausschreibung und Bestellung:
- Hersteller
- s_D-Wert
- Dicke
- Breite
- Länge

Abrechnung nach m²

Dampfbremsen oder Dampfsperren sind in den mehrschaligen oder mehrschichtigen Wandaufbauten unverzichtbare Bauteilschichten, deren bauphysikalische und bautechnische Bedeutung mit den steigenden Anforderungen an Wärmeschutz und Energieeinsparung weiter zunimmt.

Material
Dampfbremsen bestehen aus beschichteten oder unbeschichteten Spezialpapieren und Folien. Sie sorgen dafür, dass im Gebäude entstandener Wasserdampf dosiert und kontrolliert durch die Wärmedämmung nach außen diffundieren kann. Eingedrungener und kondensierter Wasserdampf muss direkt oder durch Hinterlüftung, mindestens aber im jahreszeitlichen Ausgleich abgeführt werden, um die Wärmedämmung funktionsfähig zu erhalten.

Dampfsperren sind dampfdichte Bahnen aus Kunststoff, Metallfolien oder schichtweise aufgebauten Papier- bzw. Kunstoffmaterialien, die die Aufgabe haben, die Wasserdampfdiffusion von innen nach außen zu verhindern. Ihr Dampfdiffusionswiderstand ist in Abhängigkeit von den Dampfdiffusionswiderständen der nach außen folgenden Schichten festzulegen. Grundsätzlich gilt, dass Bauteilschichten von innen nach außen immer diffusionsoffener werden sollten.
Die Wirksamkeit einer Dampfsperre ist wesentlich abhängig von den handwerklich und dauerhaft herstellbaren Anschlüssen. Perforationen und Durchdringungen können die Funktion von Dampfsperren erheblich herabsetzen.

Eigenschaften
Der s_D-Wert, die wasserdampfdiffusionsäquivalente Luftschichtdicke, gibt an, um wieviel geringer der Wasserdampfstrom durch eine Bauteilschicht ist, verglichen mit einer gleich dicken Luftschicht. Er wird in Metern angegeben und ist das Produkt der Dicke des Baumaterials (s) und seiner Wasserdampf-Diffusionswiderstandszahl µ.
$s_D = \mu \times s$ (m)

Metallfolien mit einer Dicke größer 0,05 mm werden nach DIN 4108-4 als absolut dampfdicht eingestuft. Als baupraktisch dampfdicht bezeichnet man eine Materialschicht, deren Diffusionswiderstand $s_D \geq$ 1500 m ist. Diese Materialien können als Dampfsperre eingesetzt werden.

Ein Material mit dem Diffusionswiderstand $2 < s_D < 1500$ m kann als Dampfbremse eingesetzt werden.

Diffusionsoffen sind Materialien mit einem s_D-Wert < 0,3 m.

Diffusionsoffen	$s_D <$ 0,3 m
Dampfbremse	s_D 2–1500 m
Dampfsperre	$s_D \geq$ 1500 m

Empfehlungen zur Abdichtung von Stoßstellen, Überlappungen, Anschlüssen und Durchdringungen von Dampfbremsen und Dampfsperren sind in der DIN 4108-7 enthalten.

Baupapiere und Folien können neben der Funktion als Dampfbremse oder Dampfsperre außerdem im Aufbau einer Wand- oder Dachkonstruktion die folgenden Aufgaben übernehmen:
- Luftdichtung
- Winddichtung
- Unterspannbahn
- Rieselschutz
- Trennlage

Dampfdiffusionswiderstand beachten!

Anwendung
Luftdichtigkeit ist eine wesentliche Grundlage für einen bautechnisch und bauphysikalisch funktionierenden Holzbau.
Die relativ leicht zu erzielenden hohen Dämmwerte der Außenflächen können nur dann wirksam werden, wenn sie nicht durch Undichtigkeiten mit Kondenswasserproblemen und Zugerscheinungen zunichte gemacht werden.
Gefordert wird eine durchgehende, luftdichte Ebene mit einer möglichst geringen Zahl von Anschlüssen und Durchdringungen sowie handwerklich einfach und sicher auszuführende Stöße und Anschlüsse unter Berücksichtigung der unvermeidbaren Verformungen. Deren korrekte Ausführung lässt sich ggf. mit einem Blower-Door-Test überprüfen.

Diese Forderung gilt für dampfoffene oder hinterlüftete Außenwandkonstruktionen und um so mehr für solche, bei denen die luftdichte Ebene zugleich Dampfsperre sein muss. Die Dichtungsmaterialien sind aufeinander abzustimmen und den Anforderungen des Holzbaus gemäß auszuwählen. Die Luftdichtung wird in der Regel innen aufgebracht und kann mit Dampfbremse oder Dampfsperre identisch sein.

Die *Winddichtung* dagegen wird auf der Außenseite der Wärmedämmung aufgebracht. Sie hat die Wärmedämmung vor zu starker Abkühlung zu schützen und muss das Eindringen von Außenluft etwa über Fugen zwischen Holzkonstruktion und Wärmedämmung verhindern. Der Forderung nach zunehmender Dampfdurchlässigkeit von innen nach außen folgend, muss die Winddichtung möglichst diffusionsoffen sein.

Abmessungen und Materialien
siehe Tabelle S. 68 und 69

Hersteller (Auswahl)
Alkor Dreaka Handel GmbH
Ampack Bautechnik
A.W. Andernach KG
Bauder
Binné & Sohn GmbH&Co.KG
Braas Dachsysteme GmbH
Deutsche Heraklith GmbH
Deutsche Rockwool Mineralwoll GmbH
DIB Potthast GmbH
Ewald Dörken GmbH
Emfa Baustoff GmbH
Forbo-Stamoid
Klöber GmbH & Co KG
Köster Bauchemie GmbH
Moll Bauökologische Produkte GmbH
Röthel GmbH & Co KG
Saint-Gobin Isover G+H AG
Vedag AG
Wanit Universal GmbH
WIKA Isolier- und Dämmtechnik GmbH

Baupapiere/Folien
Feuchtigkeitsabdichtungen

Feuchtigkeitsabdichtungen

DIN 18195-1 bis 10

Für Ausschreibung und Bestellung:
- Hersteller
- DIN
- Dicke
- Breite
- Länge

Abrechnung nach m²

Bauwerksabdichtungen nach DIN 18195 sollen Schäden durch von außen drückendes oder nichtdrückendes Wasser sowie Bodenfeuchtigkeit an den angrenzenden Bauteilen verhindern.

Feuchtigkeitsabdichtungen sind aber auch erforderlich, um Schäden von Holzbauteilen abzuwenden, die von angrenzenden Bauteilen wie Beton oder Mauerwerk ausgehen können (Bauwerksfeuchte) oder auch durch Feuchtigkeitsbeanspruchung von Baugrund oder Wetter verursacht sind.

Für diese nicht in der DIN 18195 erfassten Abdichtungen könnten auch andere als die dort aufgelisteten Bitumenbahnen – nackte Bitumenbahnen, Bitumendachbahnen, Bitumendachdichtungsbahnen, Bitumendichtungsbahnen, Bitumenschweißbahnen mit unterschiedlichen Trägereinlagen – verwendet werden: z.B. dicke PE-Folien oder andere flexible Kunststoffbahnen.

Trennlagen werden dann erforderlich, wenn unterschiedliche Baustoffe zusammengebaut werden, die durch den Zusammenbau in ihrer Wirksamkeit beeinträchtigt werden oder dieser gänzlich verlustig gehen.

Typische Beispiele sind Trennlagen auf kapillarbrechenden Schichten unter Stahlbetonbodenplatten, Trennlagen zwischen Trittschalldämmung und Nassestrichen, oder zwischen Blechdeckung und Holzschalung usw.

Als Trennlagen zwischen den unterschiedlichen Bauteilen kommen in Frage:
- Polyethylenfolien
- Polyesterfilze
- Schaumstoffmatten
- Ölpapier
- Natronkraftpapier

Bezeichnungen
Bitumenbahnen

Kurzbezeichnung	Bezeichnung
R 500	Bitumendachbahnen mit Rohfilzeinlage
G 200 DD	Bitumen-Dachdichtungsbahnen
V 13	Glasvliesbitumendachbahnen
J 300 D	Bitumendichtungsbahnen mit Jutegewebe
Al 0,2 D	Bitumendichtungsbahnen mit Metallbandeinlage
V 60 S4	Bitumenschweißbahnen mit Einlage aus Glasvlies
PV 200 PY DD	Polymerbitumen-Dachdichtungsbahnen mit Einlage aus Polyestervlies
G 200 PY S5	Polymerbitumen-Schweißbahnen mit Einlage aus Glasgewebe

Kunststoffbahnen

Kurzbezeichnung	Bezeichnung
EPDM	Ethylen-Propylen-Terpolymer-Kautschuk
CSM	Chlorsulfoniertes Polyethylen
IIR	Butylkautschuk
NBR	Nitrilkautschuk

Abmessungen
Bitumenbahnen:
 Dicke: 4–5 mm
 Breite: 100 cm
 Länge: 5 m
Kunststoffbahnen:
 Dicke: 1–3 mm
 Breite: 100, 120, 130, 170, 200 cm
 Länge: 10, 20, 25 m

Hersteller (Auswahl)
A.W. Andernach KG
Paul Bauder GmbH Co.
Georg Börner GmbH & Co.
Braas GmbH
DLW AG
Phoenix AG
Saar-Gummiwerk GmbH
Vedag AG

Informationen
Industrieverband Bitumen-
 Dach- und Dichtungsbahnen e.V.
Wirtschaftsverband der
 deutschen Kautschukindustrie e.V.

Baupapiere/Folien
Produktübersicht

$s_D = \mu \times d$ (m)	μ	Dicke (mm)	Breite (cm)	Länge (m)	Material	Produkt	Firma
0,008	15	0,50	100	100	Pappe aus Wollfasern, Imprägniermittel und Zellulosefasern	Perkalor Normal	WIKA
0,008	15	0,50	100	50	Pappe aus Wollfasern, Imprägniermittel und Zellulosefasern, fadenverstärkt	Perkalor Diplex	WIKA
<0,02	–	–	150, 280	100	Hochdruck-PE	Tyvek Soft	Klöber
<0,02	–	–	150	100	Hochdruck-PE	Tyvek Dry	Klöber
<0,02	–	–	150	50	Hochdruck-PE/PP	Tyvek Plus	Klöber
0,09	423	0,22	125	50	imprägniertes Kraftpapier	Sisalit 50	Ampack
0,12	–	–	250	25	Acrylat-Spezialbeschichtung auf Polyestervlies	Stamisol DW	Forbo-Stamoid
0,2–5	–	0,005	200	30, 60	Polyamid	Difunorm Vario	Saint-Gobin Isover G+H AG
0,30	–	0,30	150	50	PE-Spezialvlies mit Mikrofaserstruktur	Herafol	Deutsche Heraklith
0,50	2000	0,25	75, 105, 135	100	Recyclingzellulose, mit Glasseidengewebe	pro clima KS+	Moll
0,80	–	–	200	50	diffusionsoffenes PP-Spinnvlies	Tyvap	Klöber
0,80	–	0,20	165	100	Natronkraftpapier	Volint	Klöber
2,00	8700	0,23	150	50	Kraftpapiere mit flammhemmender Paraffinmittellage und Glasfasernetz	Sisalex 500	Ampack
2,00	–	–	150	50	Spinnfaservlies mit dampfbremsender Beschichtung	Delta-Fol WS	Dörken
2,30	–	0,23	75, 135	100	Recyclingzellulosepapier armiert	EMFA-Baupappe PWD	Emfa
2,30	–	0,35	105	50	Spezialpapier aus Zellulose armiert	EMFA-Baupappe PWS	Emfa
2,30	10000	0,23	75, 105, 135	100	Recyclingzellulose	pro clima DB	Moll
2,30	10000	0,23	14, 21, 75, 105, 135	100	Recyclingzellulose, mit Glasseidengewebe	pro clima DB+	Moll
2,30	5000	0,45	105	50	Recyclingzellulose, mit Glasseidengewebe	pro clima DA+	Moll
2,90	–	0,20	100	100	2-lagiges Natronkraftpapier mit Glasfaserarmierung	Difulint	Klöber
<3,00	–	0,18	150	25	Verbundfolie aus PP und LDPE-Beschichtung	Wandufol	Wanit
>3,00	–	0,25	150	25	2 Lagen Kraftpapier und Glasgitter	Wandufol Papierdampfbremse	Wanit
4,39	17560	0,25	100, 125, 150, 215	50	Verbund aus zwei Kraftpapieren und einer Glasfasernetzeinlage	Sisalit 303	Ampack

Baupapiere/Folien
Produktübersicht

$s_D = \mu \times d$ (m)	μ	Dicke (mm)	Breite (cm)	Länge (m)	Material	Produkt	Firma
21	53 304	0,40	100	100	Papier einseitig beschichtet	Nepa	WIKA
23	68 800	0,33	150, 180	100, 50	PP-Faservlies mit PP-Füllschicht	Ampatex DB 90	Ampack
25	–	0,30	140, 280	100, 50	PP-Vlies mit PP-Beschichtung, transparent	DB 25	Bauder
26	77 000	0,33	100	100	kunststoffbeschichtetes Kraftpapier	Umodan 10	WIKA
50	–	0,2	200	30, 60	PE-Folie	Difunorm	Saint-Gobin Isover G + H AG
58	187 000	0,31	150, 180	100, 50	PP-Faservlies mit PP-Füllschicht	Ampatex DB 95	Ampack
75	300 000	0,25	400	25	PE-Folie	Dampfsperre PE	Braas
100	–	0,20	200	50	Polyäthylen	Rockfol PE	Deutsche Rockwool
100	–	–	150	50	Aluschicht zwischen Polyesterfolie und gitterarmierter PE-Folie	Delta-Fol Reflex	Dörken
100–130	–	0,1	392	50	Verbund aus zwei PE-Folien	PE-Dampfsperre HR	Köster
111	58 500	0,20	400, 600	25, 50	Polyäthylen	DIB Dampfbremsbahn	DIB Potthast
112	45 000	0,25	600	25	extrudiertes Hochdruckpolyäthylen	Alkorplus 81010	Alkor
120	300 000	0,40	400	25	PE-Folie	Dampfsperre fk	Braas
130	–	–	150	50	gitterverstärkte PE-Folie	Delta-Fol DS 130	Dörken
155	62 000	0,25	400, 600	25, 50	Polyäthylen	DIB Dampfbremsbahn	DIB Potthast
285	69 000	0,40	400, 600	25, 50	Polyäthylen	DIB Dampfbremsbahn	DIB Potthast
310	125 000	0,30	100	100	Kraftpapier mit Kunststoffbeschichtung und Alu-Folie	Umodan DS	WIKA
379	1 895 000	0,20	100, 125, 150	50	zwei imprägnierte Kraftpapiere mit Glasfasernetz und einseitiger Alu-Beschichtung	Insulex 311	Ampack
>500	–	0,14	150	25	2 Lagen Alu-Folie mit Glasgitter dazwischen	Wandufol Technonorm	Wanit
620	1 240 000	0,50	100	100	Kraftpapier mit Kunststoffbeschichtung und Alu-Folie	Umodan Super	WIKA
4000	–	0,12	150	100	Alu-Verbundfolie mit beidseitiger Spezialkunststoffkaschierung	DIB Aluminiumverbundfolie	DIB Potthast
4500	11 250 000	0,40	122, 200	50	zwei wasserfeste Kraftpapiere mit einer Zwischenlage aus Bitumen und Sisalfasern, einseitig Alubeschichtet	Insulex 718	Ampack
Dampfdicht	∞	2,50	110	50	PE mit Alu-Folie und Polyesterfaser	Umodan 3-Plus	WIKA

Verbindungsmittel
Dübel

Dübel

Dübel sind vorwiegend auf Abscheren beanspruchte Verbindungsmittel.

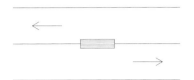

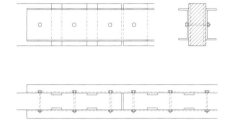

Typ A Typ C Typ D

Rechteckdübel aus Holz,
hergestellt aus trockenem Laubholz (Gruppe A – C).

Anwendung
Rechteckdübel aus Holz werden mit gleicher Faserrichtung in Ausnehmungen der zu verbindenden Teile eingelegt und mit Klemmbolzen gesichert.

Bestellung
LH-Dübel
Zahl l × b × d in mm
Holzart
Holzgüte

Rechteckdübel aus Stahl
Flachstahldübel

Anwendung
Flachstahldübel werden in Ausnehmungen quer zur Faser eingelegt, mit Längsverbindungen gehalten und mit Klemmbolzen gesichert.

Bestellung
Flachstahldübel
Zahl l × b × d in mm
Stahlgüte
Oberfläche

Dübel besonderer Bauart
DIN 1052-2

Anwendung
Zulässige Belastung und Einbaubedingungen, Mindestmaße der Hölzer, Mindestabstände und Vorholzlängen, Größe und Einschnitttiefe, Sechskantschraubenbolzen passend zu den Dübeln nach DIN 1052-2

Dübeltyp A Einlassdübel (Ringkeildübel früher System Appel) Ø 65–190 mm

Dübeltyp B Einlassdübel (Rundholzdübel aus Eiche früher System Kübler)
Ø 66 und Ø 100 mm

Dübeltyp C Einpressdübel (früher System Bulldog)
Ø 48–165 mm

Dübeltyp D Einpressdübel (früher System Geka)
Ø 55–115 mm

Dübeltyp E Einlass-, Einpressdübel (früher System Siemens-Bauunion)
Ø 55 und Ø 80 mm

Querverbinder für Hirnholzanschlüsse mit Formstück oder Rundstahl mit Quergewinde in entsprechender Bohrung.

Bestellung
Anzahl
Dübeltyp
einseitig/zweiseitig
Scheiben

z.B. 2 × 2 Dü Ø 65 – A
Scheibe Ø 58/6

Hersteller
Handwerk

Hersteller
Handwerk

Hersteller (Auswahl)
Bierbach GmbH & Co. KG
Bulldog-Simpson GmbH

Verbindungsmittel
Stabdübel/Bolzen

Stabdübel
DIN 1052

Material
Stabdübel sind stiftförmige Verbindungsmittel aus Rundstahl mit abgefasten Enden ohne Kopf, die in vorgebohrte Löcher eingetrieben werden. Bohrung nicht größer als der Durchmesser. Mindestdurchmesser 6 mm, gebräuchlich 8–10–12–16 mm. Längen 60–160 mm.

Anwendung
Einbau von Hand, Zahl und Dimension der Stabdübel nach Berechnung unter Berücksichtigung von Last, Lastangriffsart und in Abhängigkeit von Materialdicke und Einbausituation.
Abstände der Stabdübel in Abhängigkeit vom Durchmesser und von der Lage zum beanspruchten Rand sowie zur Faserrichtung. Stahlblechholzverbindungen mit Stabdübeln erfordern min. 3 mm Dicke für die innenliegenden Bleche. Erforderlich sind mindestens 2 Stabdübel je Verbindung.

Material
Stahl S 235, S 275, S 355
nach EN 10025
Oberfläche verzinkt/nicht rostender Stahl

Bestellung
DIN
Durchmesser
Länge
Stahlgüte
Oberfläche

z.B. SDü DIN 1052 Ø 16 × 160
S 235, verzinkt

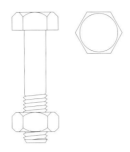

Bolzen
Bolzen DIN 601, DIN 931, DIN 933, DIN 6914

Material
Bolzen sind stiftförmige Verbindungsmittel aus Rundstahl mit Kopf, Gewinde und Mutter, die in max. 1 mm größere Bohrlöcher eingeführt und beidseitig mit Unterlagscheiben unterlegt werden.
Durchmesser M8 – M24 (für tragende Verbindung größer 12 mm),
Länge 16–200 mm.
Bolzen sollen so eingebaut werden, dass ein Nachziehen bedingt durch das Schwinden des Holzes möglich ist.

Anwendung
Zahl und Dimension der Bolzen nach Berechnung unter Berücksichtigung der unterschiedlichen Lochleibungsfestigkeiten z.B. von Vollholz, Brettschichtholz, Holzwerkstoffen bzw. Stahlblech-Holz-Verbindungen. Die Abstände von den belasteten und unbelasteten Rändern sind in Abhängigkeit von der Faserrichtung festgelegt.

Bestellung
Bolzen
Stahlgüte 3.6, 4.6/4.8, 5.6/5.8, 6.8
 nach EN 20 898
Oberfläche feuerverzinkt

z.B. B M16 (Ø 16) DIN 1052

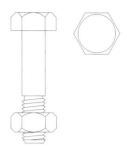

Passbolzen
DIN 7968

Material
Passbolzen sind Bolzen, die wie Stabdübel passgenau in enge vorgebohrte Löcher eingetrieben werden.
Durchmesser M12 – M24,
Länge 35–100 mm.

Anwendung
Passbolzen werden zur Sicherung von Stabdübelverbindungen eingesetzt.

Bestellung
Passbolzen Stahl
Oberfläche feuerverzinkt
Durchmesser, DIN

z.B. PB M16 (Ø 16)
DIN 1052

Hersteller (Auswahl)
Bossard AG Schrauben
Bulldog-Simpson GmbH

Hersteller (Auswahl)
Bossard AG Schrauben

Hersteller (Auswahl)
Bossard AG Schrauben

Verbindungsmittel
Schrauben/Klammern

Schrauben

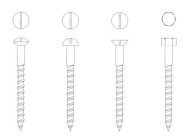

Holzschrauben

DIN 95   Linsensenk-Holzschrauben
          mit Schlitz
          d_s = 3–6 mm
          l = 12–80 mm

DIN 96   Halbrund-Holzschrauben
          mit Schlitz
          d_s = 3–6 mm
          l = 10–80 mm

DIN 97   Senk-Holzschrauben
          mit Schlitz
          d_s = 3–8 mm
          l = 10–100 mm

DIN 571   Sechskant-Holzschrauben
          d_s = 4–20 mm
          l = 20–350 mm

Anwendung
Schraubenabstände wie vorgebohrte
Nägel.
 Vorbohrung:
glatter Schaft mit d_s,
 Gewindeteil mit 0,7 d_s.
Tragende Verbindungen:
 Nenndurchmesser d_s = min. 4 mm
Mindestdicken von anzuschließenden
Bauteilen beachten.

Material
Stahl   • naturblank
        • verzinkt
        • vernickelt
        • vermessingt

Bestellung
Anzahl
Kurzzeichen Sr
Nenndurchmesser × Länge in mm
DIN
Oberfläche

z.B. 10 × Sr Ø 8 × 50 – DIN 97 verzinkt.

Hersteller (Auswahl)
Altenloh, Brinck + Co
Bierbach GmbH & Co. KG
Bossard AG Schrauben
MAGE Gehring GmbH
Adolf Würth GmbH & Co. KG

Schnellbauschrauben

DIN 18182 Schnellbauschrauben
           für die Befestigung von
           Gipskartonplatten,
           phosphatiert
           d_s = 3,5 mm
           l = 25–70 mm

ohne Normung
           Spanplattenschrauben mit
           Senkopf (Spax) mit
           • Kreuzschlitz,
           • Pozidriv-Kreuzschlitz,
           • Torx-Innensechskant
           d_s = 2,5–10 mm
           l = 10–400 mm

Anwendung
Selbstschneidend, Einsatz meist ohne
Vorbohren.

Material
Stahl   • verzinkt
        • phosphatiert (z.T.)
        • nicht rostend

Bestellung
Anzahl
Kurzzeichen Sr/Typ
Nenndurchmesser × Länge in mm
DIN (bei Schnellbauschrauben für die
Befestigung von Gipskartonplatten)
Oberfläche

z.B. 10 × Sr Ø 3,5 × 40 – DIN 18182
     phosphatiert

Hersteller (Auswahl)
Altenloh, Brinck + Co
Bierbach GmbH & Co. KG
Bossard AG Schrauben
Adolf Würth GmbH & Co. KG

Klammern

Klammern

U-förmig gebogene Drähte,
Durchmesser d_n 1,2–2,0 mm.
Rücken min. 15 mm.
Schaftlänge ca. 30–90 mm.

Anwendung
Einbau von Hand oder mit Nagelschuss-
apparat, nach bauaufsichtlicher Zulassung.

Material
Stahl   • galv. verzinkt
        • Rostschutzfarbe

Bestellung
Klammer
Drahtdurchmesser d_n × Schaftlänge l_n
d_n, l_n in mm
Klammerabstand e in mm

z.B. Kl 1,53 × 44 e = 7,5

Hersteller (Auswahl)
Raimund Beck KG
Joh. Friedr. Behrens AG
Bostitch GmbH
Duo-Fast GmbH
Haubold-Kihlberg
Karl M. Reich
Paslode GmbH

Verbindungsmittel
Nägel/Nagelplatten

Nägel

Nägel
DIN 1151   Drahtstifte
DIN 1143   Maschinenstifte

Glattschaftige, meist runde Nägel. Durchmesser d_n von 1,8 bis 8,8 mm. Längen l_n von 35 bis 260 mm. Senk-, Tiefsenk-, Stauch-, Flach-, Breit-, Halbrund- oder Linsenkopf. Kopfdurchmesser nach EC 5 min. 2 d_n.

Anwendung
Zahl und Dimension der Nägel nach Berechnung in Abhängigkeit von Material, Materialdicken und Einbausituation (ein-, zwei-, mehrschnittig).
Einschlagtiefe sowie Abstände der Nägel vom Rand und untereinander sind abhängig von Materialdicke, Holzart und Sortierklasse sowie von den zu verbindenden Materialien (z.B. Vollholz mit Holzwerkstoff, Stahl, Beton....)
Durch Vorbohrung (< 0,9 d_n) kann die Spaltwirkung der Nägel reduziert, die Abstände verkleinert und die Tragfähigkeit erhöht werden.
Nägel in Hirnholz sollten auch für untergeordnete Bauteile nicht verwendet werden.

Material
Stahl   • naturblank
        • galv. verzinkt
        • feuerverzinkt
        • evtl. gehärtet
        • nicht rostend
Aluminium (z.T.)
Kupfer (z.T.)

Bestellung
Nagelart, DIN,
Durchmesser d_n × Länge l
  d_n in 1/10 mm, l_n in mm
Material
Oberfläche

z.B. Nä 38 × 100 DIN 1159, Stahl feuerverzinkt

Hersteller (Auswahl)
Bierbach GmbH & Co. KG
Bossard AG Schrauben

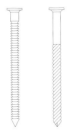

Sondernägel
Sondernägel mit bauaufsichtlicher Zulassung in Tragfähigkeitsklassen I – III. V.a. für Nagelverbindungen mit Stahlblechformteilen.

Rillen-, Kamm-/Ankernägel
mit waagerecht profiliertem Schaft (Widerhakenprofilierung).
Durchmesser d_n von 2,5–6 mm.
Längen l_n von 35–100 mm.

Nagelschrauben/Sparrennägel
mit Schraubgewinde.
Durchmesser d_n von 4,2 und 5,1 mm,
Längen l_n von 100–320 mm.

Anwendung
Einbau nach bauaufsichtlicher Zulassung

Material
Stahl   • galv. verzinkt
        • phosphatiert
        • nicht rostend

Bestellung
Nagelart
d_n / l_n
Material
Oberfläche

z.B. Kammnagel 4/50, galv. verzinkt
     Fabrikat.....................
     Tragfähigkeitsklasse III

Hersteller (Auswahl)
Bierbach GmbH & Co. KG
BMF Holzverbinder GmbH
Bulldog-Simpson GmbH
GH-Baubeschläge Hartmann GmbH

Nagelplatten
sind 1–2 mm dicke Stahlbleche mit nagel- oder krallenförmigen Ausstanzungen, die einseitig oder beidseitig abgewinkelt werden.
Für die unterschiedlichen Systeme z.B. BAT-Multin, BMF, Gang-Nail, Hydro-Nail, TTS Twinaplatte liegen bauaufsichtliche Zulassungen vor.

Anwendung
Die Größe der Nagelplatten wird berechnet. Die Nagelplatten werden mit hydraulischen Pressen in die gleich dicken (einteiligen) Hölzer eingepresst.

Material
Stahl feuerverzinkt

Bestellung
Nagelplatte
Größe b × h in mm, Typ

z.B. NaPl 66 × 166
     GN 200

Hersteller (Auswahl)
Eleco Bauprodukte GmbH (Gang-Nail)
Mi-Tek Industries GmbH (Hydro-Nail)
J. Wolf GmbH & Co System bau KG
  (Wolf Nagelplatten)

Informationen
Informations- und Gütegemeinschaft der Nagelplattenverwender e.V.

Verbindungsmittel
Stahlblechformteile

Stahlblechformteile

Stahlblechformteile werden aus 2–4 mm dickem Stahlblech hergestellt, gelocht und kalt verformt.

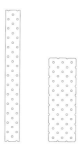

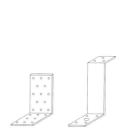

Für die unterschiedlichen Formen und ihre Befestigung liegen bauaufsichtliche Zulassungen vor. Die verwendeten Begriffe für die gleichen Verbindungen weichen je nach Hersteller voneinander ab.

Die ausgewählten Stahlblechformteile beinhalten nicht das gesamte Lieferprogramm und beziehen sich auf die in den gewählten Beispielen auftretenden Kräfte.

Durch den Einsatz moderner Abbundanlagen werden die tradierten zimmermannsmäßigen Verbindungen wieder bezahlbar. Aus diesem Grund werden sie zunehmend im modernen Holzbau wieder eingesetzt.

Anwendung
Der Anschluss von Stahlblechformteilen erfolgt mit zugelassenen Sondernägeln unter Berücksichtigung der Einbausituation. (Holz-Holz, Holz-Beton/Stahl)

Materialien
Stahlblech feuerverzinkt,
nicht rostender Stahl (teilweise)

Lochbänder

Anwendung
Als Verbinder für kleinere Konstruktionen.

Abmessungen
20 × 1,0/1,5 mm
25 × 2,0 mm

Bestellung
Abmessung, Typ
Nägel Typ, $d_n \times l_n$

Windrispenbänder

Anwendung
Zur Aussteifung von Dachkonstruktionen. Zur Sicherung der Tragfähigkeit ist ein Strammziehen z.B. mit einem Spanngerät erforderlich.

Abmessungen
40 × 2,0/3,0 mm
60 × 2,0 mm
80 × 2,0 mm

Bestellung
Abmessung, Typ
Nägel Typ, $d_n \times l_n$

Flachverbinder

aus Lochplatten in unterschiedlichen z.T. standardisierten Abmessungen.

Anwendung
Zur Verbindung ebener Bauteile.

Bestellung
Abmessung, Typ
Nägel Typ, $d_n \times l_n$

Winkelverbinder

als Lochplattenwinkel oder aus gelochtem Blech

Anwendung
Zur Verbindung und Befestigung.

Bestellung
Abmessung, Typ
Nägel Typ, $d_n \times l_n$

Z-Profile

Anwendung
Stirnseitiger Anschluss von Nebenträger an Hauptträger.

Bestellung
Abmessungen b × h (mm)
Hersteller, Typ
Nägel Typ, $d_n \times l_n$

Balkenschuhe

Ein- oder zweiteilig, nach innen/nach außen gebogene Schenkel.

Anwendung
Zum Anschluss von Balken an Balken/Wände.

Abmessungen
für Holzbreiten von 36–200 mm mit festgelegten Höhen.
Sondermaße z.T. möglich.

Bestellung
Abmessungen
Hersteller, Typ
Nägel Typ, $d_n \times l_n$

Verbindungsmittel
Stahlblechformteile

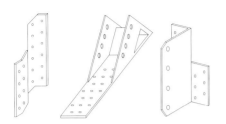 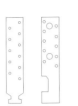 

Sparrenpfettenanker / Pfettenanker

Anwendung
Für Anschlüsse von sich kreuzenden Balken.

Bestellung
Hersteller, Typ
Nägel Typ, $d_n \times l_n$

Schienenanker / Profilanker / HE-Anker

Anwendung
Zur Befestigung von Holzbauteilen in Ankerschienen oder mit Stahlprofilen.

Bestellung
Hersteller, Typ, Länge
Nägel Typ, $d_n \times l_n$

Stützenfüße

Anwendung
Stützenfüße (Stützenschuhe, Pfostenträger) dienen der Verbindung von Stütze zu Fundament oder Decke. Der Anschluss erfolgt jeweils mit Fußplatten und Dübeln auf den Beton oder mit gerippten Steindollen und Verguss in Aussparungen des Betons.
Es werden folgende Typen unterschieden:

- Stützenfuß aus U-förmig gebogenem Flachstahl mit angeschweißtem Rundstahl oder Rundrohr.
Mit Holzschrauben oder Stabdübeln befestigt, fest oder höhenverstellbar.

- Stützenfuß aus T-Profil mit angeschweißtem Rundstahl oder Rundrohr. Eingeschlitzt und mit Stabdübeln befestigt, fest oder höhenverstellbar

- Stützenfuß aus Rundstahl oder Gewindestab mit Platte (Leimpfostenträger). Eingebohrt mit Stahldorn gesichert und ggf. geleimt, fest oder höhenverstellbar

- Stützenfuß aus zwei Flachstahlprofilen. Mit Holzschrauben angeschraubt

Bestellung
Firmenspezifische Typenbezeichnungen

Sparrenfußverbinder / Sparrenhalter

Anwendung
Für Anschlüsse von Sparren an Fußpfetten oder Decken.

Bestellung
Hersteller, Typ, Länge
Nägel Typ, $d_n \times l_n$

Balkenträger / Einhängeträger (T-förmig)

Anwendung
Zum Anschluss von Neben- an Hauptträger oder von Träger an Stützen.
An Hauptträger/Stütze mit Sondernägeln angenagelt; in den Nebenträger eingeschlitzt und mit Stabdübeln angeschlossen.

Material
Stahl, feuerverzinkt

Bestellung
Typ, Zahl, Dimension
Nägel/Stabdübel

NHT-Verbinder / Integralverbinder

Anwendung
Für Anschlüsse von Haupt- und Nebenträgern. An Hauptträger/Stütze mit Sondernägeln angenagelt; in den Nebenträger eingeschlitzt und mit Stabdübeln angeschlossen.

Abmessungen
Höhen von 80–240 mm

Bestellung
Hersteller, Typ
Stabdübel/Nägel Typ, $d_n \times l_n$

Hersteller (Auswahl)
Stahl feuerverzinkt
Bierbach GmbH & Co. KG
(BILO Formteile)
BMF Holzverbinder GmbH
Bulldog Simpson GmbH
GH-Baubeschläge Hartmann GmbH

Holzschutz

DIN 68800 1 bis 5
DIN 68364
DIN EN 350-2
DIN EN 460

Holz und Holzwerkstoffen ist durch pflanzliche Schädlinge (Pilze) und tierische Schädlinge (Insekten) gefährdet. Bei einem Befall kann die äußere Gestalt, die Funktionsfähigkeit und die Tragfähigkeit von Holzkonstruktionen bis zur völligen Zerstörung herabgesetzt werden.

Pilze benötigen für ihre Entwicklung organisches Material (Zellulose). Sie gedeihen besonders, in feuchten, warmen von der Luft abgeschlossenen Bereichen. Es handelt sich dabei um verschiedene Arten von Schwämmen, z.B. »echter Hausschwamm«. Für die von Pilzen verursachten Holzfäulen ist in der Regel eine Holzfeuchtigkeit von mindestens 20% Voraussetzung.

Insekten, in erster Linie Käfer, z.B. der Hausbock, nutzen das Holz im Splintbereich (vorwiegend Nadelholz), als Nahrung und Behausung für ihre Larven. Die fertig entwickelten Käfer verlassen das Holz über charakteristische Fluglöcher. Dabei können nicht nur lebende Bäume befallen werden, sondern auch trocken eingebautes Holz. Eine Holzfeuchte von mindestens 10% ist für einen Befall Voraussetzung.

Der *Holzschutz* wird unterschieden in den bekämpfenden Holzschutz, der bei bereits erfolgtem Befall notwendig ist, und den vorbeugenden Holzschutz, der den Schädlingsbefall verhindert, indem er die Lebensgrundlagen zur Entwicklung der Schädlinge vermeidet.

vorbeugender Holzschutz
Der vorbeugende Holzschutz kann durch unterschiedliche Maßnahmen erreicht werden:
- Holzauswahl
- Konstruktiver Holzschutz
- Chemischer Holzschutz

Holzauswahl:
Durch die Auswahl von möglichst gut getrocknetem und abgelagertem Holz (Holzfeuchte u < 20%) sowie der Verwendung einer Holzart von möglichst hoher Dauerhaftigkeit bzw. hoher Resistenz (siehe Anhang).

Konstruktiver Holzschutz:
Er muss bereits im Entwurf berücksichtigt werden z.B. bei der Situierung des Gebäudes, der Fassadengestaltung oder der Anordnung schützender Dachüberstände. Vor allem aber bei der Detailausbildung muss der Erdkontakt, die Tauwasserbildung und die dauernde Durchfeuchtung des Holzes durch Regen- und Spritzwasser vermieden werden. Durchfeuchtete Hölzer müssen wieder austrocknen können. Somit ist ein wesentlicher Bestandteil des konstruktiven Holzschutzes die Be- und Hinterlüftung der Konstruktion und der Bauteilschichten, um den Abtransport von vorhandener Feuchtigkeit zu gewährleisten.

Chemischer Holzschutz:
Mit der Anwendung von chemischen Holzschutzmitteln soll dem Pilz- und Insektenbefall vorbeugend entgegengewirkt werden.

Die DIN 68800-3 unterscheidet den chemischen Holzschutz für:
- tragende und aussteifende Holzbauteile
- nichttragende, nicht maßhaltige Hölzer
- nichttragende maßhaltige Hölzer für Fenster und Außentüren

Bei tragenden Bauteilen ist der vorbeugende Holzschutz verpflichtend. Als chemischer Holzschutz jedoch nur für bestimmte Gefährdungsklassen, die in der DIN 68800-3 angegeben sind (siehe Anhang).

Für den Bereich der nichttragenden, nicht maßhaltigen Bauteile gibt die Norm nur Empfehlungen. Auf den chemischen Holzschutz kann nach schriftlicher Vereinbarung zwischen Architekt und Bauherrn verzichtet werden. Im Innenausbau sollte auf eine großflächige Anwendung von Holzschutzmitteln grundsätzlich verzichtet werden.

Bei Fenstern und Außentüren kann bei Verwendung von Kernholz bestimmter Dauerhaftigkeitsklassen (siehe Anhang) auf chemischen Holzschutz verzichtet werden.

Dauerhaftigkeitsklassen nach DIN 1052:

Klasse	Beschreibung
1	sehr dauerhaft
2	dauerhaft
3	mäßig dauerhaft
4	wenig dauerhaft
5	nicht dauerhaft

Gefährdungsklassen:
Nach DIN 68800-3 sind Holzbauteile und Holzwerkstoffe je nach Anwendungsbereich einer Gefährdungsklasse von GK 0 bis GK 4 – nicht gefährdet bis extrem gefährdet – zugeordnet.
Die Gefährdungsklasse 0 bedarf keines chemischen Holzschutzes.

Aber auch bei GK 1 bis GK 4 ist die Anwendung von chemischen Mitteln nicht zwingend notwendig, z.B wenn Hölzer eingesetzt werden, die für die jeweilige Gefährdungsklasse ausreichend »natürlich dauerhaft« sind.

Es kann außerdem ein besonderer Nachweis geführt werden, um eine Konstruktion in eine niedrigere Gefährdungsklasse einzuordnen. Dazu sind besondere bauliche Maßnahmen gegen holzzerstörende Pilze und gegen den Zutritt von Insekten zu verdeckt liegenden Hölzern notwendig.

Holzschutz

Zur Vermeidung von Pilzbefall wird eine Holzfeuchte unter 20% vorausgesetzt. Insektenbefall kann durch baulichen Schutz, z.B. geeignete Bekleidungen, oder durch eine Holzfeuchte unter 10% ausgeschlossen werden. Bleibt Holz offen und hinsichtlich Insektenbefall kontrollierbar, kann ebenfalls auf chemischen Holzschutz verzichtet werden, z.B. in nicht ausgebauten Dachstühlen, wenn die Zugänglichkeit gewährleistet ist.

Im Holzbau können nahezu alle tragenden und aussteifenden Bauteile der GK 0 zugeordnet werden, ausgenommen Schwellen (GK 2). Bei Verwendung von splintfreiem Holz der Kiefer, Lärche oder Douglasie ist auch hier der chemische Holzschutz zu umgehen.

Chemische Holzschutzmittel:
Im Holzbau ist in jedem Fall dem konstruktiven Holzschutz der Vorrang zu geben, der bei konsequenter Anwendung einen gänzlichen Verzicht auf chemischen Holzschutz ermöglicht. Der vorbeugende chemische Holzschutz ist selbst nach DIN nur eine zusätzliche Maßnahme, wenn die Holzauswahl sowie die konstruktiven Maßnahmen nicht genügen.

Die DIN 68800-3 legt den Einsatz der Holzschutzmittel fest:
- nach den Prüfprädikaten:
  - insektenvorbeugend Iv
  - pilzwidrig P
  - witterungsbeständig W
  - moderfäulewidrig E
  je nach Gefährdungsklasse einzeln oder in Kombination einsetzbar.
- nach der Holzart (Rundholz, Schnittholz, Leimholz ...)
- nach Einbringverfahren (Streichen, Spritzen, Tauchen, Bohrlochtränkung, Vakuum- und Kesseldrucktränkung...) einschließlich eventueller Vorbehandlungen von schwer imprägnierbaren Holzarten und zugehörigen Einbringmengen für die geforderten Gefährdungsklassen unter Beachtung der Arbeitsschutzmaßnahmen.

Die Merkblätter der Hersteller sind zu beachten.

Die Holzschutzmittel lassen sich in
- wasserlösliche Holzschutzmittel,
- lösemittelhaltige Holzschutzmittel,
- ölige Holzschutzmittel einteilen.

Wasserlösliche Holzschutzmittel:
Sie enthalten als Wirkstoffe biozid wirkende anorganische oder oganische Salze.
Bei den anorganischen wasserlöslichen Holzschutzsalzen ist die Auswaschung der Salze durch Feuchtigkeit, z.B. Regen, ein Problem. Salze für die Gefährdungsklassen 1 und 2 bleiben stets auswaschbar und müssen auch auf der Baustelle gegen Nässe abgedeckt werden. Nicht auswaschbare Salze für die Gefährdungsklassen 3 und 4 enthalten Chromate (Chrom-VI-Verbindungen) und benötigen eine Fixierzeit von mehreren Wochen im Holz. Sie müssen während dieser Zeit vor Regen geschützt gelagert werden.
Organische wasserlösliche Salze sind für die Gefährdungsklassen 3 und 4 zugelassen und fixieren ohne den Zusatz von Chromaten im Holz.

Lösemittelhaltige Holzschutzmittel:
Sie bestehen aus organischen Lösungsmitteln und biozid wirkenden organischen Verbindungen. Einige der verwendeten Fungizide und Insektizide werden in der Öffentlichkeit kontrovers diskutiert (z.B. Pyrethroide). Besondere Probleme entstehen durch Pentachlorphenol (PCP) und lindanhaltige Mittel in Innenräumen. PCP ist deshalb in Deutschland seit 1990 verboten.

Ölige Holzschutzmittel:
Es handelt sich um Teerölpräparate und Kreosole.

Verarbeitung:
Es ist aus Arbeitsschutzgründen beim Verarbeiten und auch zur Vermeidung von Belastungen für spätere Gebäudenutzer durch die Wirkstoffe und Lösungsmittel grundsätzlich zu empfehlen, Holzschutzmittel in geschlossenen Anlagen in das Holz einbringen zu lassen (Kesseldruckimprägnierung, evtl. auch Trogtränkung, Sprühtunnelverfahren).

Die Verarbeitung von Holzschutzmitteln auf der Baustelle sollte auf die Behandlung von Schnittenden u.ä. beschränkt werden. Dabei ist das Holzschutzmittel im Streichverfahren und nicht durch Spritzen aufzubringen.

Kennzeichnung:
Als chemische Holzschutzmittel dürfen nur Produkte eingesetzt werden, deren Wirksamkeit und Unbedenklichkeit geprüft ist. Sie unterliegen der Prüfzeichenverordnung der Länder und erhalten das Prüfzeichen des Institus für Bautechnik in Berlin, wenn ihre Brauchbarkeit nachgewiesen ist.
Nach DIN 68800-3 ist verbautes Holz durch den Auftragnehmer an mindestens einer möglichst sichtbar bleibenden Stelle des behandelten Bereichs in dauerhafter Form zu kennzeichnen.

Entsorgung:
Holzschutzreste sowie leere Gebinde und verunreinigte Verpackungen sind Sondermüll. Holzschutzmittelbehandelte Hölzer müssen in der Sondermüllverbrennung entsorgt werden. Ein Deponieren ist nicht zulässig.

Hersteller (Auswahl)
AURO-Pflanzenchemie GmbH
Beeck GmbH & Co KG
Desowag GmbH
Kulba-Bauchemie GmbH
Leinos-Naturfarben GmbH
Livos Pflanzenchemie GmbH
RCH Fluorchemie GmbH
Remmers Chmie GmbH & Co
Wehl GmbH
Dr. Wolmann GmbH

Informationen
Das Deutsche Institut für Bautechnik (DIBt) Berlin gibt jährlich das Holzschutzmittelverzeichnis der zugelassenen Produkte heraus.
Gütegemeinschaft Holzschutzmittel e.V.

Fugendichtbänder

Fugendichtbänder

DIN 18542

Für Ausschreibung und Bestellung:
- Hersteller
- Dicke
- Breite
- Länge
- Farbe

Abrechnung nach lfm

Material
Für Fugendichtbänder werden offenporige und geschlossenzellige Materialien verwendet.
Gebräuchliche Arten von Dichtbändern sind:
- Schaumstoffbänder
- Siliconfugenbänder
- Buthylkautschukbänder

Offenporige Fugenbänder bestehen z.B. aus Polyurethan-Weichschaumstoff, der mit flammhemmend eingestelltem Kunstharz imprägniert, zum Teil mit Bitumen getränkt, und werkseitig auf die jeweiligen Einsatzbereiche vorkomprimiert werden kann.

Geschlossenzellige Materialien aus Kunststoff werden in der Regel zur Feuchtigkeitsabdichtung eingesetzt.

Offenporige Materialien verfügen über gute Schalldämmeigenschaften, sind aber nur im komprimierten Zustand als Abdichtung gegen Feuchtigkeit und Wind wirksam.

Fugendichtbänder können ein- oder zweiseitig selbstklebend ausgerüstet sein.

Anwendung
Fugendichtbänder übernehmen die Aufgabe, Bauteile und Bauteilschichten funktionsdicht aneinander anzuschließen. Sie sind je nach Komprimierung schlagregen-, bzw. winddicht und können daher sowohl die Funktion der Regensperre als auch der Windsperre in Fugen übernehmen.
Um Tauwasserbildung im Bereich der Fugenflanken zu unterbinden, ist raumseitig eine dampfdichtere Fugenausbildung erforderlich.

Verarbeitung
Dichtungsbänder werden meist vorkomprimiert (auf ca. 20% der ursprünglichen Dicke) geliefert, wobei die Rückstellung auf die Fugenbreite während der Montage so langsam abläuft, dass genügend Zeit für das Einbringen des Dichtungsbandes in die Fuge verbleibt.
Die Dichtwirkung des Fugendichtbandes ist abhängig von dessen Restkompression im eingebauten Zustand:

< 20%	Lieferzustand
bis 25%	Anforderungen nach DIN 18542
bis 35%	dichtet ab gegen starken Regen, gute Schalldämmung
bis 50%	wasserabweisend, zugluftdicht, staubundurchlässig
100%	Originaldicke

Die Haftung an den Fugenflanken wird maßgeblich durch die Rückstellkraft des expandierenden Bandes sichergestellt. Die selbstklebende Bandoberfläche dient als Montagehilfe.

Abmessungen:
Rollenlänge: 2–10 m, je nach Dicke
Dicke (unkomprimiert): 10–150 mm
Breiten: 10–1000 mm

Hersteller (Auswahl)
Hanno-Werk GmbH & Co.KG
Henkel Bautechnik GmbH
Henkel Teroson GmbH
Illbruck Bautechnik GmbH
KAWO Karl Wolpers
Sika Chemie GmbH

ausgeführte Holzbauten
Übersicht

ausgeführte Holzbauten

81 Bankprovisorium in Nürnberg
    aml architekturwerkstatt

82 Wochenendhaus in Vallemaggia
    Robert Briccola, Gibiasco

84 Wohnhaus bei Bad Tölz
    Fink + Jocher, München

86 Pfarr- und Jugendheim in Lenting
    Andreas Meck und
    Stephan Köppel, München

88 Wohnhaus in Trofaiach
    Hubert Riess, Graz

90 Strandbad in Zug
    Alfred Krähenbühl, Zug

92 Schulhaus in St. Peter
    Conradin Clavuot, Chur

94 Mediohek in Küsnacht
    Bètrix & Consolascio mit
    Erich Maier, Erlenbach

96 Ladengebäude in Lindau-Hoyren
    Karl Theodor Keller, München

ausgeführte Holzbauten
Beispiele

Bankprovisorium in Nürnberg

aml architekturwerkstatt
Matthias Loebermann, Nürnberg

Die »Blue Box«, ein modulares System, erfüllt den Wunsch nach Flexibilität in der Größe und nach niedrigen Herstellungskosten. Ein Grundbaustein ist 3 m breit und 9 m lang. Meistens werden 3 Module kombiniert, sodass sich eine Fläche von 9 × 9 m mit einer lichten Raumhöhe von 2,50 m ergibt.
Die Gründung erfolgt mittels 3 in Längsrichtung verlegter Balken. Weitere Verankerungen sind aufgrund des Eigengewichts nicht notwendig. Alle Teilelemente wie Dach-, Wand- und Bodentafeln sind in Holzrahmenbauweise konstruiert und entsprechen in ihren Abmessungen normalen Transportstandards. Sie sind wärmegedämmt, Dach- und Wandelemente zusätzlich noch hinterlüftet. Das minimal geneigte Pultdach kragt 40 cm aus, sodass auf eine Dachrinne verzichtet werden kann. Um die Spannweite der Dachkonstruktion zu halbieren, wird mittig eine Stützenreihe eingefügt. Die Gebäudelängsseiten erhalten je Modul ein raumhohes Fensterelement mit einem Sonnenschutz aus drehbaren Lamellen. Den Eingang auf der sonst geschlossenen Giebelseite bildet eine Box, deren umlaufender Holzrahmen zugleich Vordach und seitlicher Windschutz ist.   DETAIL 4/2001

Isometrie ohne Maßstab
Vertikalschnitt Maßstab 1:20

1   Dachaufbau:
    Dachdichtungsfolie
    3-Schichtplatte 19 mm
    Hinterlüftung 40 mm zwischen
    Ausgleichshölzern 40–180 mm
    Wärmedämmung 160 mm zwischen
    Holzbalken 160/80 mm
    OSB-Flachpressplatte 15 mm
2   Holzfenster, Fichte lackiert mit Isolierverglasung
3   Sonnenschutzlamelle, Lärche 30 mm
4   Lamellenverbindung Flachstahl, beweglich

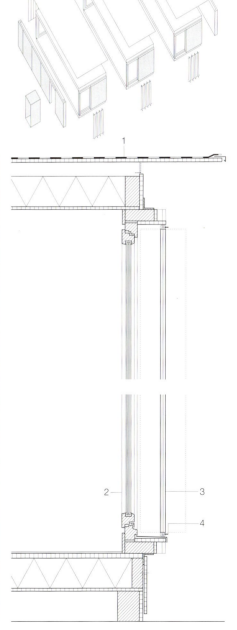

ausgeführte Holzbauten
Beispiele

Wochenendhaus in Vallemaggia

Roberto Briccola, Gibiasco

Das kleine Wochenendhaus am Rande des Dorfes Campo Vallemaggia in der Schweiz ist in der Tradition der meist aufgeständerten Walser Kornspeicher entworfen. Um die Landschaft möglichst unberührt zu lassen und die Gegebenheiten des Ortes zu respektieren, ist der einfache quaderförmige Baukörper auf vier Betonpfeilern aufgesetzt, die ihn scheinbar über der Bergwiese schweben lassen. Lediglich die Eingangsüberdachung, die gleichzeitig als Windfang dient, tritt an der Fassade hervor. Im Erdgeschoss befinden sich der Eingang sowie der Wohn- und Essbereich mit integrierter Kochzeile.

Ein von der Fassade geschützter Freisitz, von dem man den Blick über das umgebende Bergpanorama und den nahe gelegenen Ort genießen kann, erweitert den Aufenthaltsbereich. Im Obergeschoss, sind zwei einfache Schlafkammern und eine Dusche untergebracht. Das Haus ist, bis auf die betonierten Stützen und den Windfang aus verschweißten Stahlelementen, in Holz ausgeführt. Während das Tragwerk aus Tannenholz besteht, ist die Fassade mit einer horizontalen hinterlüfteten Lärchenholzschalung beplankt. Die gesamte Innenverkleidung besteht aus Dreischichtplatten. DETAIL 3/2001

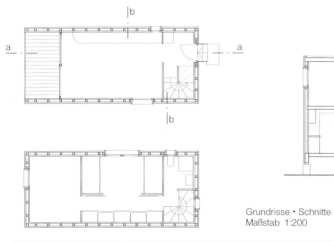
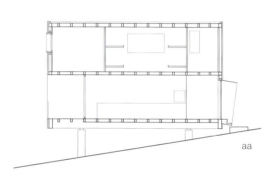

Grundrisse · Schnitte
Maßstab 1:200

ausgeführte Holzbauten
Beispiele

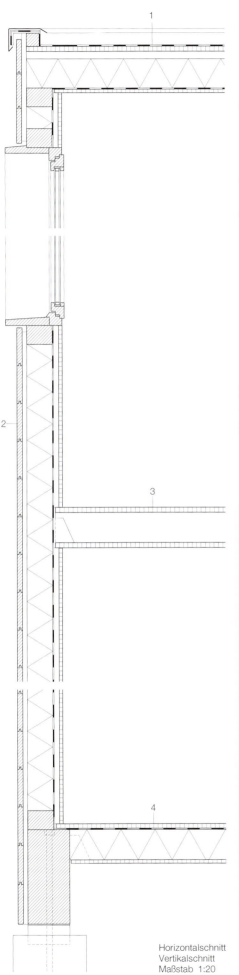

1. Dachaufbau:
   Dachabdichtung Kunststoffbahn
   Dreischichtplatte Tanne 27 mm
   Mineralwolle 160 mm
   Balken Tanne 100/200 mm
   Dampfsperre
   Dreischichtplatte Tanne 19 mm
2. Wandaufbau:
   Schalung Lärche, Nut und Feder 27 mm
   Lattung 27 mm
   Mineralwolle 140 mm
   Dampfsperre
   Lattung 27 mm
   Dreischichtplatte Tanne 19 mm
3. Dreischichtplatte Tanne 27 mm
   Balken Tanne 100/160 mm
   Dreischichtplatte Tanne 19 mm
4. Dreischichtplatte Tanne 27 mm
   Dampfsperre
   Mineralwolle 160 mm
   OSB-Platte 19 mm

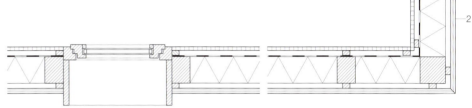

Horizontalschnitt
Vertikalschnitt
Maßstab 1:20

ausgeführte Holzbauten
Beispiele

Wohnhaus bei Bad Tölz

Fink + Jocher, München
Dietrich Fink
Thomas Jocher

Das zweigeschossige Niedrigenergiehaus wurde am Ortsrand eines kleinen Dorfes errichtet. Das aus vorgefertigten Holzbauteilen zusammengesetzte Gebäude wurde innerhalb von neun Monaten fertiggestellt. Auf Wunsch des Bauherrn wurde ein hoher Anteil naturnaher Baustoffe verwendet. Der Anteil der transparenten Hüllflächen ist aus energetischen Gründen auf der Nordseite auf ein Minimum reduziert. Zur Vermeidung von Temperaturspitzen wurden die großflächigen Verglasungen auf der Süd-, West- und Ostseite mit Schiebeläden unterschiedlicher Lamellenneigung ausgestattet. Anstelle des üblichen geschoßweisen Abbundes wurden gebäudehohe Elemente mit durchgehenden Holzstielen verwendet. Die aussteifende Sperrholzplatte liegt hier rauminnenseitig. Die innere Schale dient als Installationsebene, außerdem überträgt sie die Deckenlast; die Decke greift nicht mehr in die Wand ein, die Dampfbremse wird nicht verletzt. Ein einfacher Bauablauf und eine sichere, luftdichte Ausführung wird so gewährleistet. Der gesamte Wandaufbau ist einschließlich der zweiten Schale mit 22 cm Zellulosefaser gedämmt. Die Gefahr der geschossweisen Schallübertragung der durchgehenden Holzstiele wurde durch den zweischaligen, kreuzweise angeordneten Wandaufbau reduziert. Die Decke des Erdgeschosses ist als einfache, manuell genagelte Brettstapeldecke ausgeführt. Der Vorteil liegt in der Verwendung von billiger Seitenware, Abfallholz, das in großen Mengen anfällt. Die Deckenhöhe kommt der einer Stahlbetondecke gleich. Da auf jeglichen chemischen Holzschutz in Wand, Decke und Dach verzichtet wurde, und die Bauteile gut trennfähig sind, kann das Gebäude mit geringem Aufwand der Natur zurückgegeben werden. ⌐⌐DETAIL 1/1998

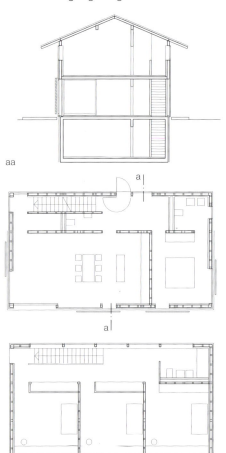

aa

Schnitt · Grundrisse Maßstab 1:250

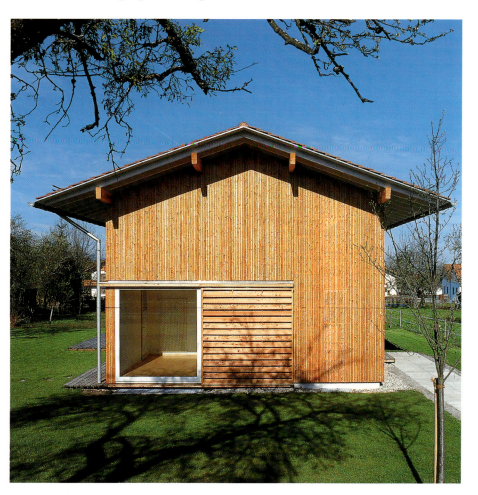

ausgeführte Holzbauten
Beispiele

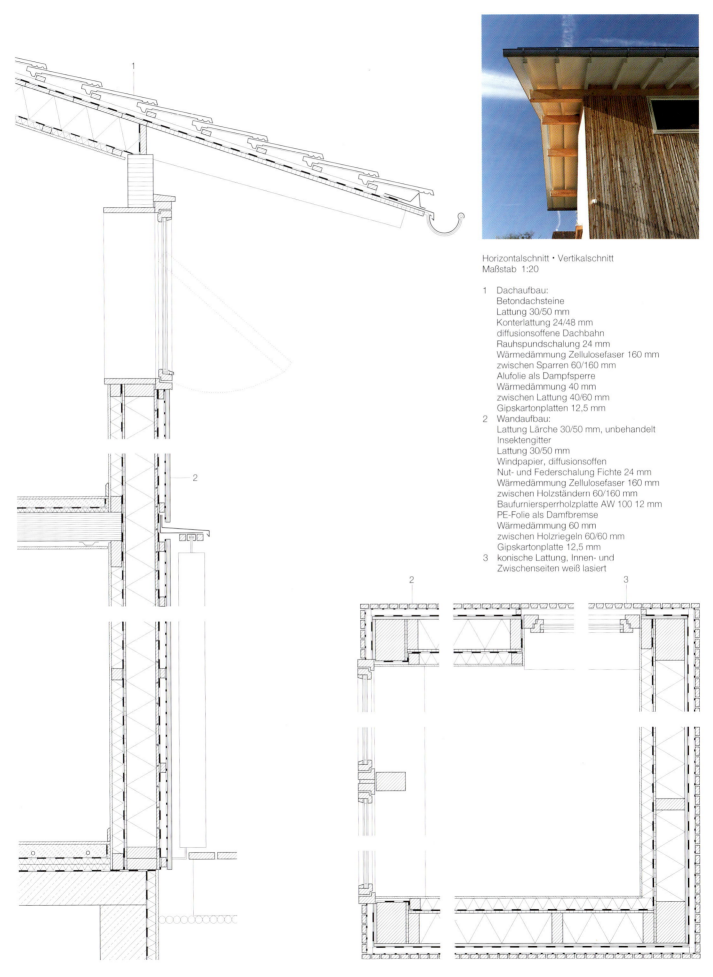

Horizontalschnitt · Vertikalschnitt
Maßstab 1:20

1 Dachaufbau:
  Betondachsteine
  Lattung 30/50 mm
  Konterlattung 24/48 mm
  diffusionsoffene Dachbahn
  Rauhspundschalung 24 mm
  Wärmedämmung Zellulosefaser 160 mm
  zwischen Sparren 60/160 mm
  Alufolie als Dampfsperre
  Wärmedämmung 40 mm
  zwischen Lattung 40/60 mm
  Gipskartonplatten 12,5 mm
2 Wandaufbau:
  Lattung Lärche 30/50 mm, unbehandelt
  Insektengitter
  Lattung 30/50 mm
  Windpapier, diffusionsoffen
  Nut- und Federschalung Fichte 24 mm
  Wärmedämmung Zellulosefaser 160 mm
  zwischen Holzständern 60/160 mm
  Baufurniersperrholzplatte AW 100 12 mm
  PE-Folie als Damfbremse
  Wärmedämmung 60 mm
  zwischen Holzriegeln 60/60 mm
  Gipskartonplatte 12,5 mm
3 konische Lattung, Innen- und
  Zwischenseiten weiß lasiert

ausgeführte Holzbauten
Beispiele

Pfarr- und Jugendheim in Lenting

Andreas Meck und
Stephan Köppel, München

Um die reizvolle Topografie des ehemaligen Steinbruches in Lenting möglichst unberührt zu belassen, ist der Baukörper des Pfarr- und Jugendheims in leichter, größtenteils vorgefertigter Holzbauweise ohne Unterkellerung ausgeführt worden. Der schmale Kubus lehnt sich an die Nordwestbegrenzung des Grundstückes an, sodass sich Saal und Gruppenräume zum Garten hin öffnen können. Die Tatsache, dass dadurch ein direkter Zugang von der angrenzenden Straße nicht mehr möglich schien, ist elegant mit Hilfe eines Zugangssteges gelöst worden. Man betritt den Bau über diesen Steg im oberen Geschoss und befindet sich dann direkt im Gemeindebereich.
Der große Pfarrsaal ist durch Schiebewände, die komplett in einer Wandnische verschwinden können, in kleinere Einheiten unterteilbar. Im unteren Geschoss befindet sich der Jugendbereich, der einen separaten Eingang hat, aber auch über die innere Treppe im gemeinsamen Foyer erreichbar ist. Im Gegensatz zu dem lichten Pfarrsaal ist das Foyer im Erdgeschoss auf Wunsch der Jugendlichen dunkler gehalten, damit die richtige Stimmung für Discoabende und Jugendtreffs gewährleistet ist.
Die Wände sind in Holzständerbauweise mit beidseitig aussteifender OSB-Beplankung gefertigt. Die Dachkonstruktion des Saales besteht aus Nagelplattenbindern, während die übrigen Decken Brettstapelkonstruktionen sind. Im Erdgeschoss wurden Asphalthochdruckplatten, die im Klebebett verlegt sind und im Obergeschoss ein Buchenindustrieparkett als Bodenbelag verwendet. Die Außen- und Foyerwände sind mit einer dickschichtlasierten Lärchenlattung in einem warmen Rotton verschalt. Alle anderen Innenwände sind mit großformatigen 18 mm Buchenfurnierplatten verkleidet. Nur in den Nassräumen wird das Holz von Mosaikfliesen an den Wänden abgelöst. ⌑DETAIL 1/2000

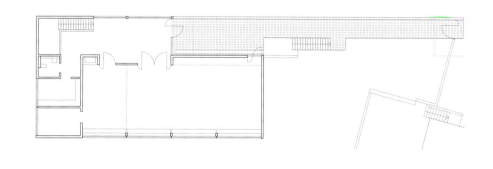
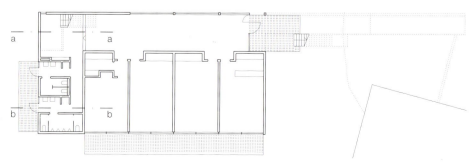

ausgeführte Holzbauten
Beispiele

1 Dachaufbau:
 Kunststoff-Dichtungsbahn einlagig 2 mm
 mechanisch befestigt
 Gefälledämmung 180–280 mm
 Dampfsperre, bituminös
 Brettstapeldecke 180 mm
 Lattung 30/50 mm
 Buchenfurnierplatte 18 mm
2 Wandaufbau:
 Lärchenleistenschalung 24/52 mm
 Lattung 40/60 mm
 Windsperre diffusionsoffen
 OSB-Platte 15 mm
 Wärmedämmung 130 mm
 Dampfsperre
 OSB-Platte 15 mm
 Lattung 30/50 mm
 Gipskartonplatte 2 × 12,5 mm
 Mosaikfliesen 8 mm

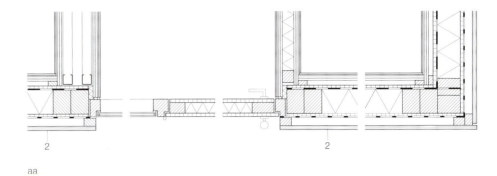

aa

Horizontalschnitt · Vertikalschnitt   Maßstab 1:20

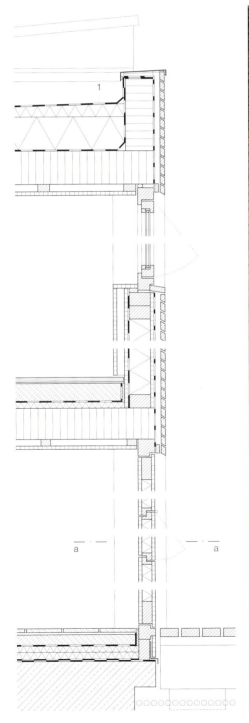

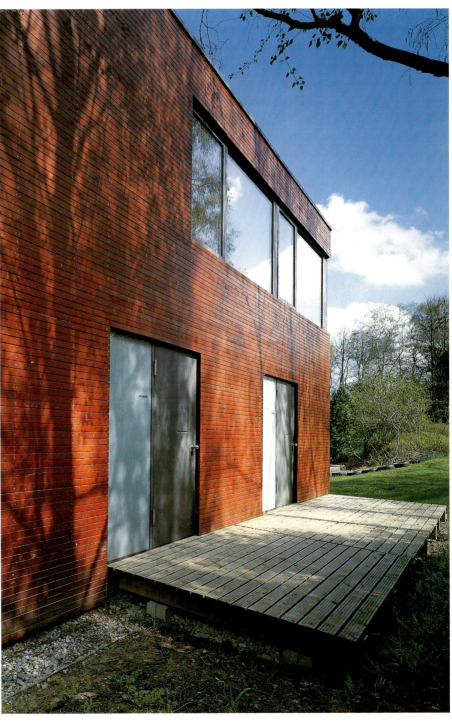

87

ausgeführte Holzbauten
Beispiele

Wohnhaus in Trofaiach

Hubert Riess, Graz

In der kleinen Stadtgemeinde Trofaiach in der Steiermark, 40 km von Graz entfernt, nehmen die zwei lang gestreckten Wohnungsbauten den Raum eines ganzen Häuserblocks ein. Zwischen ihnen wird eine hofartig geschützte Grünzone mit Gemeinschaftsflächen gefasst. Die Gebäude sind dreigeschossig und werden durch je vier einläufige Kaskadentreppen zäsiert. Jede dieser Treppen erschließt zwei der insgesamt acht Wohneinheiten pro Geschoss. Die Wohnungen sind alle Ost-West orientiert und von der Hofseite zugänglich. Die Lage der »durchgesteckten« Treppen ist in den Fassaden auf beiden Seiten durch hohe Öffnungen deutlich ablesbar.

Die gesamte Konstruktion zeichnet sich durch einen sehr hohen Grad der Vorfertigung aus. Dabei konnten die Architekten aus den Erfahrungen schöpfen, die sie bei einer Reihe vorangegangener Wohnbauprojekte gesammelt hatten. Alle wohnungsbegrenzenden Querwände und alle Außenwände mit ihren flächenbündigen und nach außen öffnenden Fenstern sind tragend und wurden geschossweise vorgefertigt. Die wohnungsbreiten Fassadenelemente sind durch hohe Brettschichtholzstürze verbunden und vor die Geschossdecken gestellt.

Die Treppen aus Brettstapelplatten sind geschossweise frei gespannt und liegen nur oben und am Fußpunkt auf. Als vorfabrizierte Elemente wurden sie zusammen mit dem Rohbau eingebracht. Der Raum unter den Treppen kann in Form von Abstellräumen genutzt werden. Die leichten Trennwände dieser Räume dienen als zusätzliches Auflager für die einzelnen Treppenelemente.

Für die Dachkonstruktion wurden großformatige Sandwich-Tafeln komplett mit Dämmung vorgefertigt. Erst nach erfolgter Montage wurden auf der Baustelle die Lüftersparren und die eigentliche Dachschalung aufgebracht. ⌑ DETAIL 4/2001

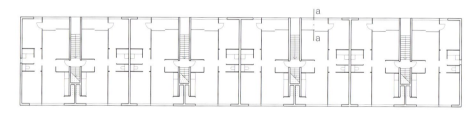

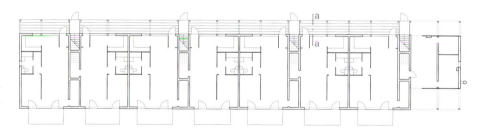

ausgeführte Holzbauten
Beispiele

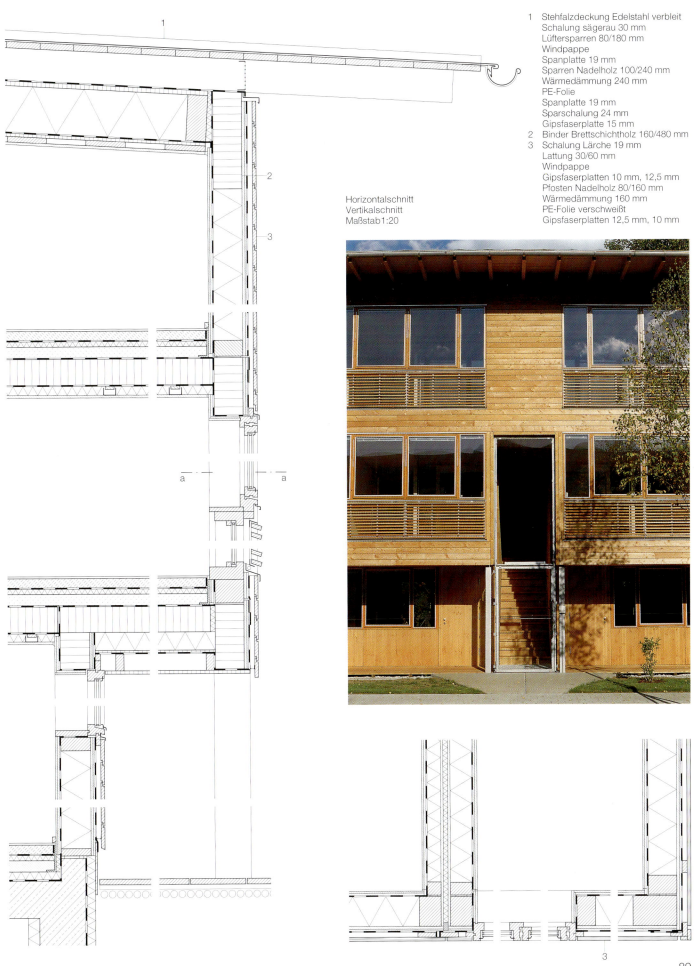

1 Stehfalzdeckung Edelstahl verbleit
  Schalung sägerau 30 mm
  Lüftersparren 80/180 mm
  Windpappe
  Spanplatte 19 mm
  Sparren Nadelholz 100/240 mm
  Wärmedämmung 240 mm
  PE-Folie
  Spanplatte 19 mm
  Sparschalung 24 mm
  Gipsfaserplatte 15 mm
2 Binder Brettschichtholz 160/480 mm
3 Schalung Lärche 19 mm
  Lattung 30/60 mm
  Windpappe
  Gipsfaserplatten 10 mm, 12,5 mm
  Pfosten Nadelholz 80/160 mm
  Wärmedämmung 160 mm
  PE-Folie verschweißt
  Gipsfaserplatten 12,5 mm, 10 mm

Horizontalschnitt
Vertikalschnitt
Maßstab 1:20

ausgeführte Holzbauten
Beispiele

Strandbad in Zug

Alfred Krähenbühl, Zug

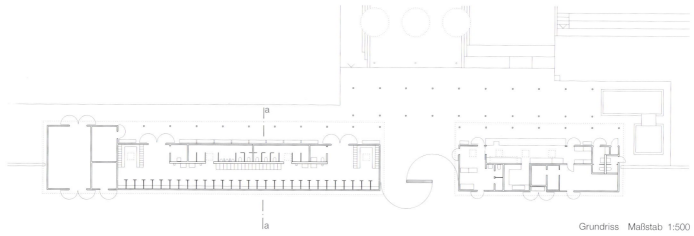

Grundriss Maßstab 1:500

ausgeführte Holzbauten
Beispiele

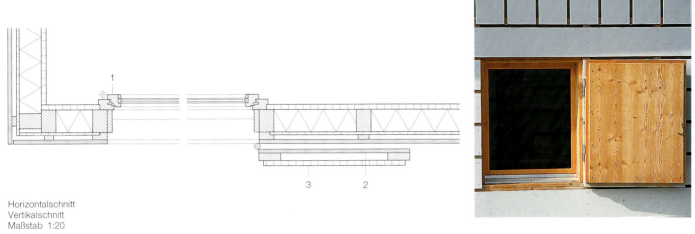

Horizontalschnitt
Vertikalschnitt
Maßstab 1:20

1 Holzfenster, isolierverglast
2 Schalung 225/21 mm
3 Dreischichtplatte 27 mm
4 Balken 120/180 mm
5 Stütze 120/120 mm
6 Zange 2x 60/140 mm
7 Rinne Kupferblech 0,8 mm
8 Dachaufbau:
 Extensivbegrünung 60 mm
 Trennvlies
 Polymerbitumenbahn, 2-lagig
 Hohlkastenelement aus 2×
 OSB-Platte 15 mm und
 Rahmenholz 60/200 mm
 Steinwolldämmung 120 mm
9 Wandaufbau (ungedämmt):
 Schalung 225/21 mm
 Lattung 25/50 mm
 OSB-Platte 15 mm
 Ständer 80/120 mm
 Dreischichtplatte 27 mm
10 Lärchenrost 25 mm

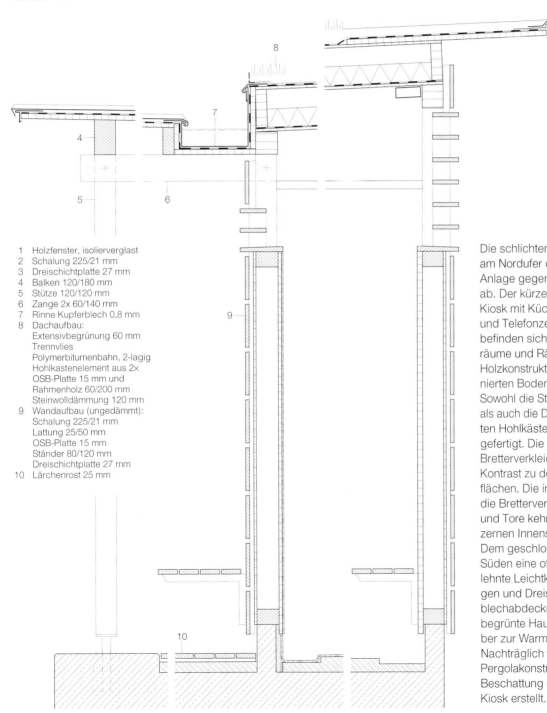

Die schlichten Holzbauten des Strandbads am Nordufer des Zuger Sees schließen die Anlage gegen den Bahndamm im Norden ab. Der kürzere Gebäudeteil nimmt einen Kiosk mit Küche, WC-Anlage, Wickelraum und Telefonzelle auf, im längeren Flügel befinden sich alle Garderoben, Sanitärräume und Räume für den Unterhalt. Die Holzkonstruktion ruht auf großflächig betonierten Bodenplatten und Betonsockeln. Sowohl die Ständerkonstruktion der Wände als auch die Dachkonstruktion aus gedämmten Hohlkästen wurden in Elementen vorgefertigt. Die durchlaufende, weiß gefasste Bretterverkleidung steht in einem reizvollen Kontrast zu den naturfarbenen Holzoberflächen. Die in geschlossenem Zustand in die Bretterverkleidung integrierten Türen und Tore kehren nach dem Öffnen die hölzernen Innenseiten nach außen.
Dem geschlossenen Baukörper ist im Süden eine offene Gangzone als angelehnte Leichtkonstruktion aus Stützen, Zangen und Dreischichtplatten mit Kupferblechabdeckung vorgelagert. Das extensiv begrünte Hauptdach trägt Sonnenabsorber zur Warmwasserversorgung.
Nachträglich wurde noch eine feingliedrige Pergolakonstruktion aus Lärchenholz zur Beschattung der Betonflächen vor dem Kiosk erstellt. ⌂DETAIL 1/2000

ausgeführte Holzbauten
Beispiele

Schulhaus in St. Peter

Conradin Clavuot, Chur

Entwurfsbestimmende Faktoren für die neue Anlage waren, das Bestehende weiterzuentwickeln, eine Atmosphäre des »Sichwohlfühlens«, der Geborgenheit und Behaglichkeit zu schaffen, die Sonne einzufangen, die schöne Gebirgslandschaft erlebbar zu machen.
Eine nach oben schmaler und steiler werdende Treppe erschließt die anliegenden Gebäude und eine Abfolge von Plätzen – zunächst den Allwetterplatz über der Parkgarage mit den Eingängen zum bestehenden Gemeindehaus und der neuen Mehrzweckhalle, dann den Pausenplatz mit Kindergarten- und Schulhauseingang, schließlich verliert sie sich im Wiesengelände.
Der Strickbau für die Neubauten besteht aus 11,5 × 20,0 cm starken liegenden, gehobelten und sonst unbehandelten Holzbalken. Auch wenn das Holz gut und lange gelagert wurde, hat es noch eine Restfeuchtigkeit von etwa 12%. Diese trocknet im Lauf der Zeit aus und führt dazu, dass das Holz schwindet, vor allem in Querrichtung zum Lauf der Jahresringe, während das Schwinden in Längsrichtung zu vernachlässigen ist. Zusätzlich wird dieses Phänomen im Winter durch das Gewicht der bis zu 2 Meter hohen Schneemassen verstärkt.
Um das bewegliche System der zum Teil großen Strickwände (bis 36 m lang und 7,5 m hoch) statisch belastbar zu machen, wird es durch eine bewegliche Verbindung mit einem starren System fixiert: An senkrechten Setzhölzern mit aufgeschraubten Schwalbenschwanzprofilen können sich die liegenden Stricke in vertikaler Richtung bewegen. An diesen Setzpfosten werden außerdem die Wärmedämmung, die Fenster und die Fassadenschalung aus Lärchenholz befestigt.
Aus Gründen des Schallschutzes sind die Innenwände als doppelte, unabhängige Strickwände mit jeweils versetzten Setzhölzern ausgebildet   DETAIL 1/2000

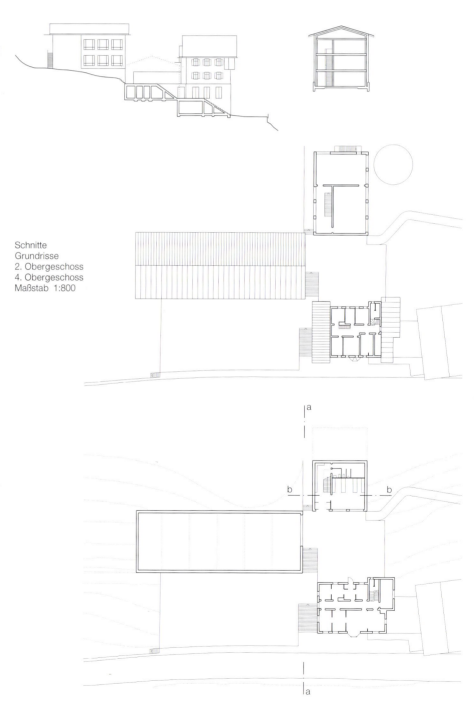

Schnitte
Grundrisse
2. Obergeschoss
4. Obergeschoss
Maßstab 1:800

ausgeführte Holzbauten
Beispiele

Fassadenschnitt Schulhaus Maßstab 1:20

1 Dachaufbau:
  Eindeckung Kupferblech
  Trennlage
  Schalung 27 mm, bei Vordach 75 mm
  Balken 160/310 (260) mm
  Unterspannbahn
  Steinwolldämmung 2× 60 mm
  Dampfsperre
  Schalung 27 mm
  Sparren 120/200 mm
2 Wandaufbau:
  Schalung Lärche 40 bzw. 60 mm
  Lattung/Hinterlüftung
  Windpapier
  Steinwolldämmung 2× 60 mm
  Dampfbremse
  Luftschicht 120 mm zwischen Setzpfosten
  Dreischichtplatte 25 mm,
  nur im Fensterbereich als Aussteifung
  Installationsraum 45 mm

Axonometrie Regelwandaufbau

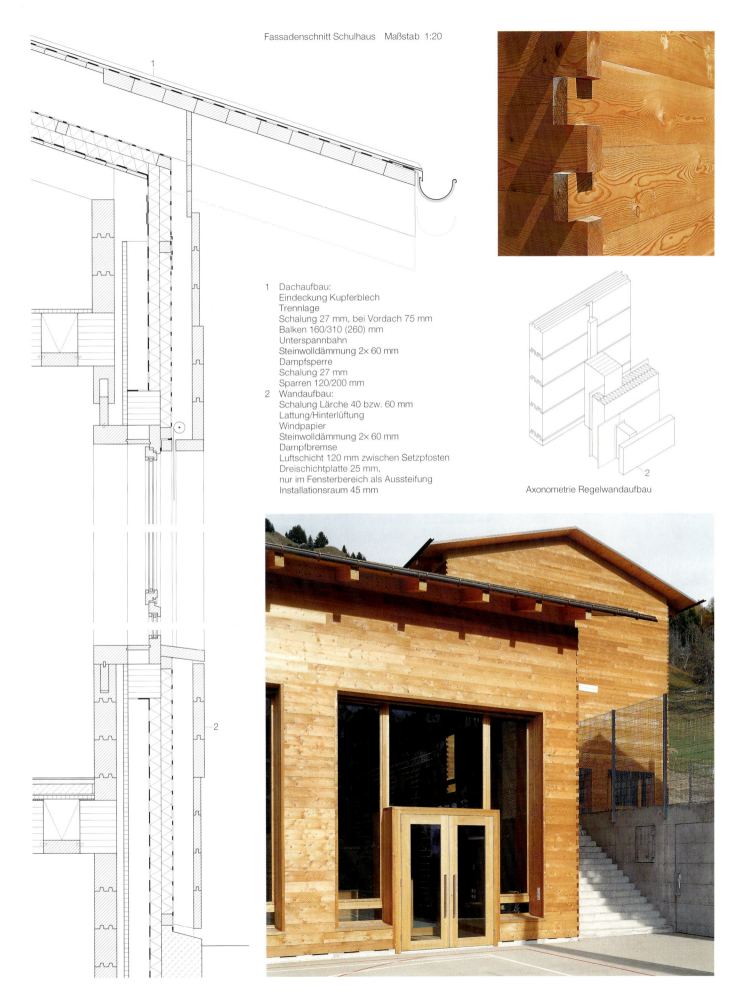

ausgeführte Holzbauten
Beispiele

Mediothek in Küsnacht

Marie-Claude Bètrix &
Eraldo Consolascio mit
Erich Maier, Erlenbach

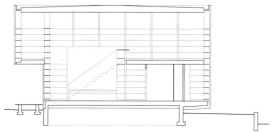
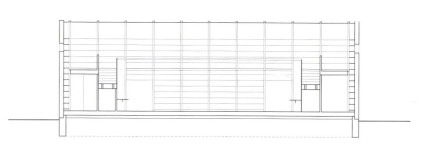

Schnitte · Grundrisse
Maßstab 1:250

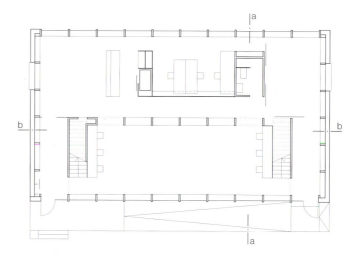

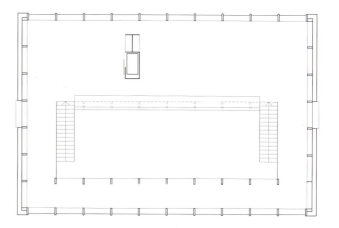

Anstatt die Mediothek in der sanierten ehemaligen Turnhalle unterzubringen, erweiterten die Architekten die Kantonsschule um ein Gebäude, das wie ein großes Möbel in seinem historischen Umfeld steht. Sie orientierten sich an der räumlichen Stimmung klassischer Bibliotheken. So entstanden keine mit Regalen möblierten Räume, sondern ein Haus aus Regalen. Die Holzregale sind Teil des Tragwerks. Da die Regale auch die Struktur der Längsfassaden bestimmen, bildet sich die Nutzung des Gebäudes eindeutig nach außen ab. Gleichzeitig findet sich das Aufbauprinzip von Seitenwand und Fachboden im Gesamtbaukörper mit seinen geschlossenen Seitenwänden wieder. Diese sind ebenso wie die Zwischendecke und das Dach aus vorgefertigten Holzkastenelementen konstruiert. Die Regalseiten aus Furnierschichtholz sind zugleich tragende Stützen. Als Zugelemente tragen sie auch die von der Dachkonstruktion abgehängte Auskragung des Obergeschosses. Außenwände und Dach sind hoch gedämmt. Eine kontrollierte Raumlüftung mit Wärmerückgewinnung und ein sehr niedriger U-Wert der Verglasungen sorgen zusätzlich für einen geringen Energiebedarf nach Schweizer »Minergie«-Standard. ⌂DETAIL 5/2002

ausgeführte Holzbauten
Beispiele

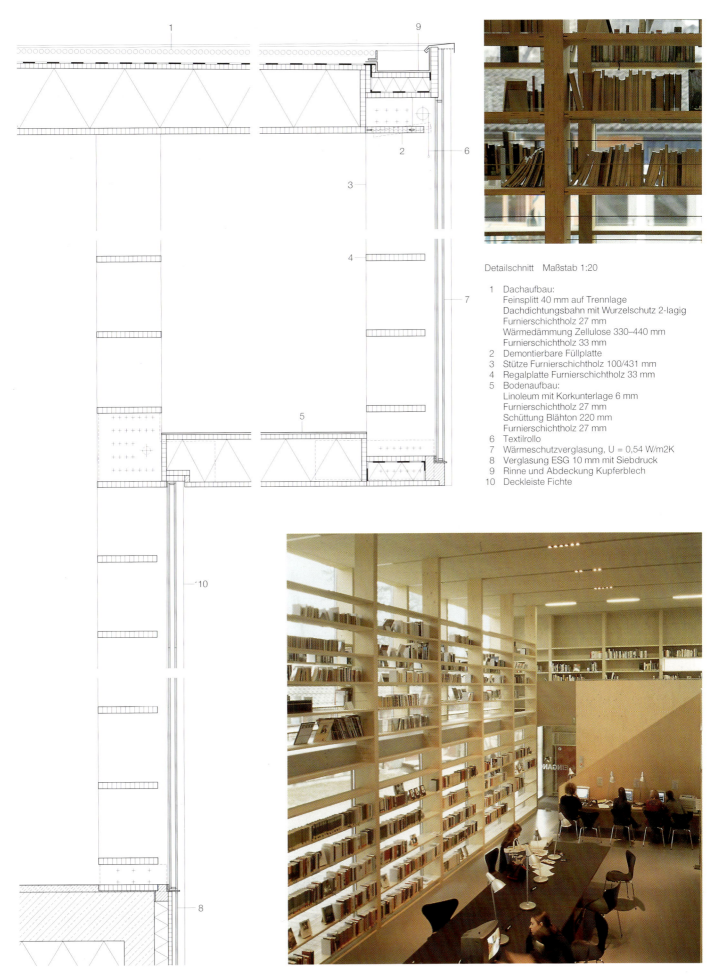

Detailschnitt Maßstab 1:20

1 Dachaufbau:
  Feinsplitt 40 mm auf Trennlage
  Dachdichtungsbahn mit Wurzelschutz 2-lagig
  Furnierschichtholz 27 mm
  Wärmedämmung Zellulose 330–440 mm
  Furnierschichtholz 33 mm
2 Demontierbare Füllplatte
3 Stütze Furnierschichtholz 100/431 mm
4 Regalplatte Furnierschichtholz 33 mm
5 Bodenaufbau:
  Linoleum mit Korkunterlage 6 mm
  Furnierschichtholz 27 mm
  Schüttung Blähton 220 mm
  Furnierschichtholz 27 mm
6 Textilrollo
7 Wärmeschutzverglasung, U = 0,54 W/m2K
8 Verglasung ESG 10 mm mit Siebdruck
9 Rinne und Abdeckung Kupferblech
10 Deckleiste Fichte

ausgeführte Holzbauten
Beispiele

Ladengebäude in Lindau-Hoyren

Karl Theodor Keller, München

In der vorhandenen Dorfstruktur des Lindauer Vororts Hoyren ersetzt der einfache Baukörper auf rechteckigem Grundriss ein früheres Wohnhaus gleicher Kontur, sodass sogar die alte Biberschwanz-Doppeldeckung wiederverwendet werden konnte. Das »Parketthaus« beinhaltet im Erdgeschoss einen Verkaufsraum und ein Lager, im Obergeschoss Büro und Austellungsflächen.

Die Konstruktion ist überwiegend als wärmegedämmter Holzskelettbau ausgebildet. Im Bereich des Ladens sind die Außenwände gemauert und die Decke massiv. Die Aussenhaut der Fassade wurde als überlukte Schalung mit handelsüblichen Schaltafeln ausgeführt, deren Stirnseiten eine Einfassung aus verzinktem Stahlblech besitzen. Die Abmessungen der Schaltafeln von 50 × 200 cm bzw. 50 × 225 cm bestimmten nicht nur das äußere Rastermaß sondern auch das der Konstruktion.

In einigen Bereichen werden die Tafeln durch Zweischeiben-Isolierglas des gleichen Formats ersetzt. Sie schaffen ein durchgehendes Lichtband in allen Räumen, sind teilweise sogar zu öffnen, und werden durch konventionelle Fenster ergänzt.   ⌑DETAIL 7/1998

Regeldetails   Fassade   Maßstab 1:10

1   Wandaufbau: Schaltafeln, imprägniert, Randeinfassung:
verzinktes Stahlblech
Zahnleisten/
Hinterlüftung
Windsperre
Steinwolldämmung zwischen Pfosten/ Riegeln 180/100 mm
Dampfsperre
BFU-Platte 16 mm, unbehandelt
2   öffenbare Isolierglastafel im Lichtband
3   Edelstahlrahmen
4   Zahnleiste
5   feststehende Isolierglastafel

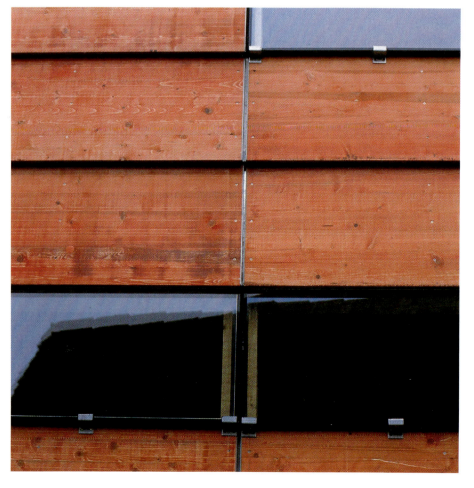

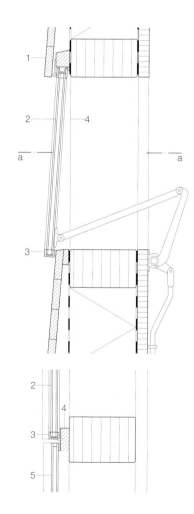

Anhang
Übersicht

Anhang

98	Sortierklassen
99	Holzwerkstoffklassen
100	Gefährdungsklassen
101	Resistenz-Holzwerkstoffklassen
102	Dämmstoffe-Anwendungstypen
103	Normen
104	Literatur
105	Hersteller, Verbände
110	Sachregister
112	Namensregister
	Bildnachweis

Anhang
Sortierklassen

Sortierkriterien für Kanthölzer bei der visuellen Sortierung nach DIN 4074-1

Sortiermerkmale	Sortierklasse S 7	Sortierklasse S 10	Sortierklasse S 13
1. Baumkante	alle vier Seiten müssen durchlaufend vom Schneidwerkzeug gestreift sein	bis 1/3, in jedem Querschnitt muss mindestens 1/3 jeder Querschnittseite von Baumkante frei sein	bis 1/8, in jedem Querschnitt muss mindestens 2/3 jeder Querschnittsseite von Baumkante frei sein
2. Äste	bis 3/5	bis 2/5, nicht über 70 mm	bis 1/5, nicht über 50 mm

3. Jahrringbreite
  im allgemeinen
  bei Douglasie
	–
	–
		bis 6 mm
		bis 8 mm
			bis 4 mm
			bis 6 mm

4. Faserneigung	bis 200 mm/m	bis 120 mm/m	bis 70 mm/m

5. Risse:
• radiale Schwindrisse (=Trockenrisse)
• Blitzrisse
  Frostrisse
  Ringschäle
	zulässig
	
	nicht zulässig
		zulässig
		
		nicht zulässig
			zulässig
			
			nicht zulässig

6. Verfärbungen: • Bläue • nagelfeste braune und rote Streifen • Rotfäule Weißfäule	zulässig bis zu 3/5 des Querschnitts oder der Oberfläche zulässig nicht zulässig	zulässig bis zu 2/5 des Querschnitts oder der Oberfläche zulässig nicht zulässig	zulässig bis zu 1/5 des Querschnitts oder der Oberfläche zulässig nicht zulässig
7. Druckholz	bis zu 3/5 des Querschnitts oder der Oberfläche zulässig	bis zu 2/5 des Querschnitts oder der Oberfläche zulässig	bis zu 1/5 des Querschnitts oder der Oberfläche zulässig
8. Insektenfraß	Fraßgänge bis 2 mm Durchmesser von Frischholzinsekten zulässig	Fraßgänge bis 2 mm Durchmesser von Frischholzinsekten zulässig	Fraßgänge bis 2 mm Durchmesser von Frischholzinsekten zulässig
9. Mistelbefall	nicht zulässig	nicht zulässig	nicht zulässig

10. Krümmung
   Längskrümmung
   Verdrehung
	bis 15 mm/2 m	bis 8 mm/2 m	bis 5 mm/2 m

Anhang
Holzwerkstoffklassen

Höchstwerte der Feuchte von Holzwerkstoffen für tragende oder aussteifende Bauteile, die während des Gebrauchszustandes nicht überschritten werden dürfen. (Tabelle 2 DIN 68800-2)

Holzwerk-stoffklasse	Feuchte max u	
20	15 % (12 bei Holzfaser-platten)	Eine Befeuchtung der Platten darf nicht oder nur in solchem Maße auftreten, dass eine Erhöhung ihres Feuchtegehaltes nur kurzfristig eintritt und der Feuchtegehalt von 15 Masse-% an keiner Stelle überschritten wird. Eine ungehinderte Abgabe eventuell eindringender Feuchtigkeit muss möglich sein.
100	18 %	Wenn aufgrund klimatischer Bedingungen langfristig ein höherer Gleichgewichtsfeuchtegehalt bzw. eine kurzfristige Befeuchtung der Platten möglich ist unter der Voraussetzung, dass der Plattenfeuchtegehalt an keiner Stelle 18 Masse-% überschreitet und zusätzlich eingedrungene Feuchtigkeit entweichen kann.
100 G	21 %	Wenn aufgrund der klimatischen Bedingungen langfristig ein höherer Gleichgewichtsfeuchtegehalt bzw. eine Befeuchtung der Platten möglich ist und die eingedrungene Feuchtigkeit nur über einen längeren Zeitraum entweichen kann.

Erforderliche Holzwerkstoffklassen (Tabelle 3 DIN 68800-2)

Zeile	Holzwerk-stoffklasse	Anwendungsbereich
1		Raumseitige Bekleidung von Wänden, Decken und Dächern in Wohngebäuden sowie in Gebäuden mit vergleichbarer Nutzung
1.1	20	Allgemein
1.2		Obere Beplankung sowie tragende oder aussteifende Schalung von Decken unter nicht ausge- bauten Dachgeschossen
	20	a) belüftete Decken
		b) nicht belüftete Decken
	100	- ohne ausreichende Dämmschichtauflage
	20	- mit ausreichender Dämmschichtauflage ($1/\Lambda \geq 0{,}75\ m^2K/W$)
2		Außenbeplankung von Außenwänden
2.1	100	Hohlraum zwischen Außenbeplankung und Vorhangschale (Wetterschutz) belüftet
2.2	100	Vorhangschale als Wetterschutz, Hohlraum nicht ausreichend belüftet, diffusionsoffene, wasserableitende Abdeckung der Beplankung
2.3	100	Auf der Beplankung direkt aufliegendes Wärmedämm-Verbundsystem
2.4		Mauerwerk-Vorsatzschale, Hohlraum nicht ausreichend belüftet, Abdeckung der Beplankung mit:
	100	a) wasserableitender Schicht mit $s_d \geq 1\ m$
		b) Hartschaumplatte, mindestens 30 mm dick
3		Obere Beplankung von Dächern, tragende oder aussteifende Dachschalung
3.1		Beplankung oder Schalung steht mit der Raumluft in Verbindung
3.1.1	20	Mit aufliegender Wärmedämmschicht (z.B. in Wohngebäuden, beheizten Hallen)
3.1.2	100 G	Ohne aufliegende Wärmedämmschicht (z.B. Flachdächer über unbeheizten Hallen)
3.2		Dachquerschnitt unterhalb der Beplankung oder Schalung belüftet
3.2.1	100	Geneigtes Dach mit Dachdeckung
3.2.2	100 G	Flachdach mit Dachabdichtung
3.3		Dachquerschnitt unterhalb der Beplankung oder Schalung nicht belüftet
3.3.1	100 G	Belüfteter Hohlraum oberhalb der Beplankung oder Schalung, Holzwerkstoff oberseitig mit wasserabweisender Folie oder dergleichen abgedeckt
3.3.2	100	Keine dampfsperrenden Schichten (z.B. Folien) unterhalb der Beplankung oder Schalung, Wärmeschutz überwiegend oberhalb der Beplankung oder Schalung

Nicht genannte Fälle sind für die Bestimmung der erforderlichen Holzwerkstoffklasse sinngemäß einzuordnen. In keinem Fall dürfen solchermaßen ermittelte Klassen 20 oder 100 durch die Klasse 100 G ersetzt werden.

Nach DIN 68800-5 müssen bei erhöhter Feuchtebanspruchung Holzwerkstoffe für tragende und aussteifende Zwecke gegen Pilze geschützt werden; bei Holzwerkstoffen für nicht tragende Zwecke ist dies zweckmäßig.

Anhang
Gefährdungsklassen

Tabelle 1 DIN 68 800 T 3

Gefährdungs-klasse	Beanspruchung	Gefährdung durch			
		I Insekten	P Pilze	W Auswaschung	E Moderfäule
0	innen verbautes Holz, ständig trocken	nein*	nein	nein	nein
1		ja	nein	nein	nein
2	ohne Erdkontakt; nicht der Witterung/Auswaschung ausgesetzt; vorübergehende Befeuchtung möglich	ja	ja	nein	nein
3	der Witterung oder Kondensation ausgesetzt; kein Erdkontakt	ja	ja	ja	nein
4	ständiger Erdkontakt oder ständige starke Befeuchtung	ja	ja	ja	ja

*Farbkernhölzer mit Splintanteil unter 10 %; Holz in Räumen mit üblichem Wohnklima sowie gegen Insektenbefall allseitig durch eine geschlossene Bekleidung abgedeckt oder zum Raum so offen, dass es kontrollierbar bleibt.

Zuordnung von tragenden/aussteifenden Holzbauteilen zu Gefährdungsklassen (Tabelle 2 DIN 68800 T 3)

Gefährdungs-klassen	Anwendungsbereiche

Holzteile, die <u>nicht</u> durch Niederschläge, Spritzwasser o. dgl. beansprucht werden:

0	wie Gefährdungsklasse 1 unter Berücksichtigung von DIN 68 800 Abschnitt 2.2.1*
1	Innenbauteile bei mittlerer relativer Luftfeuchte bis 70 % u. gleichartig beanspruchte Bauteile. Holzfeuchte kleiner 20 % sichergestellt
2	Innenbauteile bei mittlerer relativer Luftfeuchte über 70 % u. gleichartig beanspruchte Bauteile Innenbauteile in Nassbereichen, Holzteile wasserabweisend abgedeckt Außenbauteile ohne unmittelbare Wetterbeanspruchung

Holzteile, die durch Niederschläge, Spritzwasser u. dgl. beansprucht werden:

3	Innenbauteile in Nassräumen Außenbauteile mit Wetterbeanspruchung ohne ständigen Erd- und Wasserkontakt
4	Holzteile mit ständigem Erd- und/oder Süßwasserkontakt auch bei Ummantelung; für Kühltürme und Holz im Meerwasser gelten besondere Bedingungen.

Anhang
Resistenz/Holzwerkstoff-Klassen

Natürliche Dauerhaftigkeit von Vollholz gegen Pilze (DIN EN 350-2)

Resistenzklasse	Holzart
Resistenzklasse 1	Afzelia, Greenheart, Teak
Resistenzklasse 1 bis 2	Merbau
Resistenzklasse 2	Basralocus, Bongossi (Azobe), Eiche
Resistenzklasse 3	Keruing
Resistenzklasse 3 bis 4	Douglasie, Kiefer, Lärche
Resistenzklasse 4	Fichte, Hemlock, Southern Pine, Tanne
Resistenzklasse 5	Buche

Die in der Tabelle angegebene Dauerhaftigkeit bezieht sich nur auf Kernholz, Splintholz aller Holzarten liegt in der Dauerhaftigkeitsklasse 5. Die Widerstandsfähigkeit nimmt von 1–5 ab.

Anwendung und Schutz von Holzwerkstoffen (Tabelle 3 DIN E 68 800 T 5)

Gefährdungs-klasse	Anwendbare Holzwerk-stoffklasse	Notwendige Schutzmaßnahmen
0	20, 100	keine
1	20, 100	Insektenschutz, soweit die betreffende Holzart durch Insekten gefährdet ist.
2	100 G	Pilzschutz, Insektenschutz wie vor
3	nicht anwendbar	Entfällt
4	nicht anwendbar	Entfällt

Anhang
Dämmstoff-Anwendungstypen

Anwendungstypen und Anwendungsgebiete DIN 18164 T 1

Typkurzzeichen	Beanspruchungsklasse	Beispiele für Anwendungsgebiete
W	nicht druckbeanspruchbar	in Wänden, Decken und belüfteten Dächern
WL	nicht druckbeanspruchbar	für belüftete Dachkonstruktionen z.B. Dämmungen zwischen Sparren- und Balkenlagen
WD	druckbeanspruchbar auch bei höheren Temperaturen	in unbelüfteten Dächern direkt unter der Dachhaut und unter druckverteilenden Böden (ohne Trittschallanforderung) z. B. nicht belüftete Flachdächer
WS	druckbeanspruchbar mit höherer Belastung	Sondereinsatzgebiete wie unter druckverteilenden Böden bei Parkdecks, Industrieböden
WDS	druckbeanspruchbar mit höherer Belastung auch bei höheren Temperaturen	für Wände und unbelüftete Dächer direkt unter der Dachhaut und Sondereinsatzgebiete wie unter druckverteilenden Böden, bei Parkdecks, Industrieböden, ohne Anforderung an die Trittschalldämmung.
WDH	druckbeanspruchbar mit höherer Belastung auch bei höheren Temperaturen	für unbelüftete Dächer direkt unter der Dachhaut und Sondereinsatzgebiete wie unter druckverteilenden Böden von Parkdecks, auch befahrbar mit LKW oder Feuerwehrfahrzeugen
WV	nicht druckbeanspruchbar, begrenzt beanspruchbar auf Abreißen und Scheren	für angesetzte Vorsatzschalen ohne Unterkonstruktion (bei Innenwänden) Fassaden mit mineralischem Putz
T	Trittschalldämmstoff druckbeanspruchbar	für Trittschalldämmung unter lastverteilenden Estrichen, z.B. schwimmenden Estrichen
TK	Trittschalldämmstoff mit geringer Zusammendrückbarkeit	Unter Böden mit Anforderungen an den Luft- und Trittschallschutz nach DIN 4109 T 2, bei Fertigteilestrichen oder bei Kombination verschiedener Dämmaßnahmen

Typkurzzeichen: W Wärmedämmstoffe, T Trittschalldämmstoffe

Normen

DIN 1052-1 Holzbauwerke; Berechnung und Ausführung

DIN 1052-2 Holzbauwerke; Mechanische Verbindungen

DIN 1055 Lastannahmen für Bauten;

DIN 1101 Holzwolle-Leichtbauplatten und Mehrschicht-Leichtbauplatten als Dämmstoffe für das Bauwesen;

DIN 4070-1 Nadelholz; Querschnittsmaße und statische Werte für Schnittholz, Vorratskantholz und Dachlatten

DIN 4070-2 Nadelholz; Querschnittsmaße und statische Werte, Dimensions- und Listenware

DIN 4071-1 Ungehobelte Bretter und Bohlen aus Nadelholz; Maße

DIN 4072 Gespundete Bretter aus Nadelholz

DIN 4073-1 Gehobelte Bretter und Bohlen aus Nadelholz; Maße

DIN 4074-1 Sortierung von Nadelholz nach der Tragfähigkeit; Nadelschnittholz

DIN 4102 Brandverhalten von Baustoffen und Bauteilen

DIN 4108 Wärmeschutz im Hochbau;

DIN 4109 Schallschutz im Hochbau; Anforderungen und Nachweise

DIN 17440 Nichtrostende Stähle – Technische Lieferbedingungen für Blech,

DIN 18161-1 Korkerzeugnisse als Dämmstoffe für das Bauwesen;

DIN 18164-1 Schaumkunststoffe als Dämmstoffe für das Bauwesen;

DIN 18165 Faserdämmstoffe für das Bauwesen

DIN 18180 Gipskartonplatten

DIN 18182 Zubehör für die Verarbeitung von Gipskartonplatten

DIN 18195-1 bis 5 Bauwerksabdichtungen;

DIN 18203-3 Toleranzen im Hochbau; Bauteile aus Holz und Holzwerkstoffen

DIN 18334 VOB Verdingungsordnung für Bauleistungen – Teil C: Allgemeine Technische Vertragsbedingungen für Bauleistungen (ATV); Zimmer- und Holzbauarbeiten

DIN 18542 Abdichten von Außenwandfugen mit imprägnierten Dichtungsbändern aus Schaumkunststoff – Imprägnierte Dichtungsbänder

DIN 18560 Estriche im Bauwesen;

DIN 68100 Toleranzsystem für Holzbe- und -verarbeitung; Begriffe, Toleranzreihen, Schwind- und Quellmaße

DIN 68122 Fasebretter aus Nadelholz

DIN 68123 Stülpschalungsbretter aus Nadelholz

DIN 68126-1 Profilbretter mit Schattennut; Maße

DIN 68126-3 Profilbretter mit Schattennut; Sortierung für Fichte, Tanne, Kiefer

DIN 68364 Kennwerte von Holzarten; Festigkeit, Elastizität, Resistenz

DIN 68365 Bauholz für Zimmerarbeiten; Gütebedingungen

DIN 68705-2 Sperrholz; Sperrholz für allgemeine Zwecke

DIN 68705-3 Sperrholz; Bau-Furniersperrholz

DIN 68705-5 Sperrholz; Bau-Furniersperrholz aus Buche

DIN 68752 Bitumen-Holzfaserplatten;

DIN 68754-1 Harte und mittelharte Holzfaserplatten für das Bauwesen; Holzwerkstoffklasse 20

DIN 68755 Holzfaserdämmplatten für das Bauwesen;

DIN 68762 Spanplatten für Sonderzwecke im Bauwesen; Begriffe, Anforderungen, Prüfung

DIN 68763 Spanplatten; Flachpreßplatten für das Bauwesen;

DIN 68764 Spanplatten; Strangpreßplatten für das Bauwesen

DIN 68800-1 Holzschutz im Hochbau; Allgemeines

DIN 68800-2 Holzschutz – Teil 2: Vorbeugende bauliche Maßnahmen im Hochbau

DIN 68800-3 Holzschutz; Vorbeugender chemischer Holzschutz

DIN 68800-5 Holzschutz im Hochbau; Vorbeugender chemischer Schutz von Holzwerkstoffen

DIN EN 300 Platten aus langen, schlanken, ausgerichteten Spänen (OSB) – Definitionen, Klassifizierung und Anforderungen;

DIN EN 309 Spanplatten; Definition und Klassifizierung;

DIN EN 312 Spanplatten – Anforderungen

DIN EN 313 Sperrholz – Klassifizierung und Terminologie

DIN EN 316 Holzfaserplatten; Definition, Klassifizierung und Kurzzeichen;

DIN EN 335 Dauerhaftigkeit von Holz und Holzprodukten; Definition der Gefährdungsklassen für einen biologischen Befall;

DIN EN 338 Bauholz für tragende Zwecke; Festigkeitsklassen;

DIN EN 350 Dauerhaftigkeit von Holz und Holzprodukten Natürliche Dauerhaftigkeit von Vollholz

DIN EN 351 Dauerhaftigkeit von Holz und Holzprodukten Mit Holzschutzmitteln behandeltes Vollholz

DIN EN 384 Bauholz für tragende Zwecke; Bestimmung charakteristischer Festigkeits-, Steifigkeits- und Rohdichtewerte;

DIN EN 386 Brettschichtholz – Leistungs- und Mindestanforderungen an die Herstellung;

DIN EN 460 Dauerhaftigkeit von Holz und Holzprodukten – Natürliche Dauerhaftigkeit von Vollholz – Leitfaden für die Anforderungen an die Dauerhaftigkeit von Holz für die Anwendung in den Gefährdungsklassen;

DIN EN 622 Faserplatten – Anforderungen

DIN EN 633 Zementgebundene Spanplatten; Definition und Klassifizierung;

DIN EN 634 Zementgebundene Spanplatten – Anforderungen

DIN EN 635-1 Sperrholz – Klassifizierung nach dem Aussehen der Oberfläche – Teil 1: Allgemeines

DIN EN 636 Sperrholz – Anforderungen

DIN V ENV 1995-1-1 Eurocode 5: Entwurf, Berechnung und Bemessung von Holzbauwerken; Teil 1-1: Allgemeine Bemessungsregeln, Bemessungsregeln für den Hochbau;

DIN V ENV 1995-1-2 Eurocode 5 – Bemessung und Konstruktion von Holzbauwerken – Teil 1-2: Allgemeine Regeln; Tragwerksbemessung für den Brandfall;

Richtlinie zur Anwendung von DIN V ENV 1995-1-1, Eurocode 5. Entwurf, Berechnung und Bemessung von Holzbauwerken, Teil 1-1: Allgemeine Bemessungsregeln, Bemessungsregeln für den Hochbau

Anhang
Literatur

Literatur

Arbeitsgemeinschaft Holz e.V., Informationsdienst Holz, Holzbau Handbuch
Reihe 1: Entwurf und Konstruktion
Reihe 2: Tragwerksplanung
Reihe 3: Bauphysik
Reihe 4: Baustoffe
Reihe 6: Ausbau und Trockenbau

Bayerische Architektenkammer, Baustoffinformationssystem Baustoffe-Umwelt-Gesundheit,
2000

Bayerisches Staatsministerium des Inneren – Oberste Baubehörde- Wohnungen in Holzbauweise,
Wohnmodelle Bayern Band 2,
1997

Bosshard H.,
Holzkunde Band 1 bis 3,
1982

Bund Deutscher Zimmermeister im Zentralverband des Deutschen Baugewerbes e.V.,
Technik im Zimmererhandwerk,
1997

Bund Deutscher Zimmermeister im Zentralverband des Deutschen Baugewerbes e.V.,
Holzrahmenbau
1993

Bund Deutscher Zimmermeister im Zentralverband des Deutschen Baugewerbes e.V.,
Holzrahmenbau mehrgeschossig,
1996

DIN, Beuth-Komentare Holzschutz, Baulich-Chemisch-Bekämpfend, Erläuterungen zu DIN 68800-2,-3,-4

Fink D., Jocher T.,
Wohnungen 3-und 4-geschossig in Holz gebaut,
1997

Gerner M.,
Handwerkliche Holzverbindungen der Zimmerer,
1992

Gockel H.,
Konstruktiver Holzschutz, Bauen mit Holz ohne Chemie,
1998

Graubner W.,
Holzverbindungen,
1986

Grosser D.,
Die Hölzer Mitteleuropas,
1997

Grosser D.,
Pflanzliche und tierische Bau- und Werkholz-Schädlinge,
1985

Kordina K., Meyer-Ottens C.,
Holz Brandschutz Handbuch,
1994

Landsberg H., Pinkau S.,
Holzsysteme für den Hochbau,
1999

Leiße B.,
Holzschutzmittel im Einsatz,
1992

Natterer J., Herzog T., Volz M.,
Holzbau Atlas Zwei,
1991

Scholz W., Hiese W.,
Baustoffkenntnis 14. Auflage,
1999

Schriften des Deutschen Instituts für Bautechnik (DIBt), Holzschutzmittelverzeichnis, 51. Auflage
1999

Schulz H.,
Holzbau, Wände-Decken-Dächer,
1996

Sell J.,
Eigenschaften und Kenngrößen von Holzarten,
1987

Volland K.,
Einblicke in die Baustoffkunde,
1999

Wärmeschutzverordnung, Verordnung über einen energiesparenden Wärmeschutz bei Gebäuden vom 16.8.1994

Anhang
Hersteller/Verbände

Hersteller/Verbände

Achberger Holzbau GmbH
Gutenbergstraße 7
86399 Bobingen
Tel. 08234/9610-0
Fax. 08234/8572
Seite: 36

A.W. Andernach GmbH & Co. KG
Postfach 300161
53181 Bonn
Tel. 0228/405-0
Fax. 0228/405-309
Seite: 66, 67

Alkor Draka Handel GmbH
Morgensternstraße 9
81479 München
Tel. 089/4917-0
Fax. 089/4917-448
Seite: 66, 87

Altenloh, Brinck + Co
Kölner Straße 71–77
58256 Ennepetal
Tel. 02333/7990
Fax. 02333/790199
Seite: 72

American Plywood Ass. APA
Alsterufer 28
20354 Hamburg
Tel. 040/441070
Fax. 040/4480894
Seite: 42

Ampack Bautechnik
Untere Grabenstraße 6
88299 Leutkirch
Tel. 07561/9854-0
Fax. 07561/9854-25
Seite: 66, 68, 69

Ante-Holz GmbH
Im Inkerfeld 1
55969 Bromskirchen
Tel. 02984/3087-12
Fax. 02984/3087-11
Seite: 35

Atex-Werke GmbH & Co KG
Postfach 1164
94475 Grafenau
Tel. 08552/30-0
Fax. 08552/30-104
Seite: 43

AURO-Naturfarben
Postfach 1238
38002 Braunschweig
Tel. 0531/28141-41
Fax. 0531/28141-61
Seite: 77

BASF AG
67056 Ludwigshafen
Tel. 0621/60-42887
Fax. 0621/60-99053
Seite: 57, 58

Bau-Barth-Holzbauelemente
Zeppelinring 7–13
88969 Owingen
Tel. 07551/9232-0
Fax. 07551/9232-50
Seite: 37

Bauder Paul GmbH & Co
Postfach 311151
70471 Stuttgart
Tel. 0711/8807-0
Fax. 0711/8807-300
Seite: 59, 66, 67, 69

Raimund Beck KG
Siemensstr. 5–9
84478 Waldkraiburg
Tel. 08638/9570
Fax. 08638/957180
Seite: 73

Holzbau Becke & Sohn GmbH
88696 Owingen
Tel. 07551/92320
Fax. 07551/9232250
Seite: 37

Beeck GmbH & Co KG
Burgauer Straße 2
70567 Stuttgart
Tel. 0711/90020-0
Fax. 0711/90020-10
Seite: 77

Joh. Friedr. Behrens AG
Bogenstraße 43–45
22926 Ahrensburg
Tel. 04102/780
Fax. 04102/788-370
Seite: 72

Besin Mehren GmbH
Bei der untersten Mühle
54552 Mehren
Tel. 06592/95060
Fax. 06592/950651
Seite: 64

Best Naturdämmstoffe
Soinweg 5
83126 Flintsbach
Tel. 08034/7375
Fax. 08034/8753
Seite: 62

Bierbach GmbH & Co. KG
Befestigungstechnik
Postfach 1250
59402 Unna
Tel. 02303/2802-0
Fax. 02303/2802-129
Seite: 70, 72, 73, 74, 75

Binné & Sohn GmbH & Co. KG
Postfach 1254
25402 Pinneberg
Tel. 04101/5005-0
Fax. 04101/25052
Seite: 66

Blomberger Holzindustrie
B. Hausmann GmbH & Co.
Postfach 1153
32817 Blomberg
Tel. 05235/2085
Fax. 05235/6851
Seite: 42

BMF Holzverbinder GmbH
Neustadt 10
24907 Flensburg
Tel. 0461/44442
Fax. 0461/46953
Seite: 73, 74, 75

Georg Börner GmbH & Co.
Chemisches Werk
Postfach 1254
36222 Bad Hersfeld
Tel. 06621/175-0
Fax. 06621/175-200
Seite: 67

Bossard AG
Steinhauserstraße 70
CH-6300 Zug
Tel. 042/446611
Fax. 042/443525
Seite: 71, 72, 73

Bostitch GmbH
Oststraße 26
22844 Norderstedt
Tel. 040/526094-36
Fax. 040/526094-40
Seite: 72

Braas Dachsysteme GmbH
Frankfurter Landstr. 2–4
61440 Oberursel
Tel. 06171/61-001
Fax. 06171/61-2300
Seite: 66, 67, 69

Bruynzeel Multipanel
An d. Gümpgesbrücke 15
41564 Kaarst
Tel. 02131/67045/46/47
Fax. 02131/65385
Seite: 42

Bulldog-Simpson GmbH
Postfach 1451
28848 Syke
Tel. 04242/5196
Fax. 04242/60778
Seite: 70, 71, 73, 75

Bund Deutscher Zimmermeister e.V.
Godesberger Allee 99
53144 Bonn
Tel. 0228/8102-0
Fax. 0228/371593
Seite: 34, 35, 42

Bundesverband Deutscher
Holzhandel e.V.
Postfach 1867
65008 Wiesbaden
Tel. 0611/5069-0
Fax. 0611/5069-69
Seite: 34, 35, 42

C.F.F.
Cellulose-Füllstoff-Vertriebs GmbH
Fleenerweg 2
41065 Mönchengladbach
Tel. 02161/6560
Fax. 02161/656-200
Seite: 64

Climacell GmbH
Dämmsysteme
Etzwiesenstr. 12
74918 Angelbachtal
Tel. 07265/9121-0
Fax. 07265/9121-21
Seite: 64

Climatizer
Feldstraße 9
53340 Meckenheim
Tel. 02225/701494
Fax. 02225/15014
Seite: 64

Correcthane
Dämmsysteme
Postfach 1163
34521 Bad Wildungen
Tel. 05261/809-0
Fax. 05621/809-220
Seite: 59

Cortex Dämmsysteme
Hochstraße 5
90429 Nürnberg
Tel. 0911/28773-65
Fax. 0911/28773-66
Seite: 56

Council of Forest Industries
of British Columbia
Erzberger Allee 67
52066 Aachen
Tel. 0241/571850
Fax. 0241/573633
Seite: 42

CSC Forest Products
Sterling Ltd.
Vogelsangstraße 9
71069 Sindelfingen
Tel. 07031/386819
Fax. 07031/386841
Seite: 42

Anhang
Hersteller/Verbände

CWA Cellulose Werk
Angelbachtal GmbH
Etzwiesenstraße 12
74918 Angelbachtal
Tel. 07265/91310
Fax. 07265/913121
Seite: 64

Danogips GmbH
Schiess-Straße 55
40549 Düsseldorf
Tel. 0211/53086-0
Fax. 0211/53086-20
Seite: 52

Eugen Decker Holzindustrie
Postfach 45
54493 Morbach
Tel. 06533/73-0
Fax. 06533/73-111
Seite: 35

Desowag GmbH
Postfach 320220
40417 Düsseldorf
Tel. 0211/4567-0
Fax. 0211/4567-368
Seite: 77

Deutsche Gesellschaft für
Holzforschung e.V. DGfH
Bayerstraße 57–59
80335 München
Tel. 089/5389057
Fax. 089/531657
Seite: 36

Deutsche Heraklith GmbH
Heraklithstr. 8
84359 Simbach/Inn
Tel. 08571/40-0
Fax. 08571/40-261
Seite: 60, 61, 62, 66, 68

Deutsche Owens-Corning Glasswool
Idsteiner Str. 82
65232 Taunusstein
Tel. 06128/9752-0
Fax. 06128/9752-22
Seite: 60

Deutsche Rockwool
Mineralwoll GmbH
Postfach 207
45952 Gladbeck
Tel. 02043/408-0
Fax. 02043/408-444
Seite: 60, 66, 69

DIB Potthast GmbH
Sonnenhang 33
51570 Windeck
Tel. 02292/2426
Fax. 02292/2155
Seite: 66, 69

DLW-AG
Stuttgarter Straße 75
74321 Bietigheim-Bissing
Tel. 07142/71-0
Fax. 07142/71-799
Seite: 67

Dobry Dämmstoff GmbH
Parkstraße 2
54587 Lissendorf
Tel. 06597/5411
Fax. 06597/3222
Seite: 64

Ewald Dörken AG
Postfach 1263
58302 Herdecke
Tel. 02330/63-00
Fax. 02330/63-355
Seite: 66, 68, 69

Dold Süddeutsche
Sperrholzwerke
Grandenzer Str. 43
77694 Kehl/Rhein
Tel. 07851/8705-0
Fax. 07851/75271
Seite: 41, 42

Fritz Doppelmayer
Tannachstr. 10
87439 Kempten
Tel. 0831/93660
Fax. 0831/94357
Seite: 61

DOW Deutschland Inc.
Postfach 5264
65727 Eschborn
Tel. 06196/566-0
Fax. 06196/566-402
Seite: 58

Duo-Fast GmbH
Roseller Straße 3
41539 Dormagen
Tel. 02133/2527-0
Fax. 02133/2527-11
Seite: 72

Eleco Bauprodukte GmbH (Gang-Nail)
Erdinger Straße 82a
85356 Freising
Tel. 08161/8796-0
Fax. 08131/8796-33
Seite: 73

Emfa Baustoff GmbH
Stockerweg 10
89331 Burgau
Tel. 08222/9662-0
Fax. 08222/9662-80
Seite: 54, 55, 56, 62, 63, 66

Eternit AG
Postfach 470351
10908 Berlin
Tel. 030/6601-0
Fax. 030/6601-459
Seite: 50, 51

Euro-MDF-Board (EMB)
Wilhelmstr. 25
35392 Giessen
Tel. 0641/97547-0
Fax. 0641/97547-99
Seite: 47

EZO Isolierstoffe GmbH
Ladestr. 1
37249 Neu-Eichenberg
Tel. 05542/2017
Fax. 05542/72159
Seite: 63

Falke Garne KG
Kutschenweg 1
57392 Schmallenberg
Tel. 02972/307-0
Fax. 02972/307-323
Seite: 61

Fels-Werke GmbH
Geheimrat-Ebert-Str. 12
38640 Goslar
Tel: 05321/703-0
Fax: 05321/703-321
Seite: 52, 53

Ambros Fichtner
Holzwerk
83727 Schliersee
Tel. 08026/4049
Fax. 08026/6512
Seite: 35

Fibrolith Wilms GmbH
Postfach 52
56746 Kempenich
Tel. 02655/9592-0
Fax. 02655/9592-18
Seite: 65

Finnforest OY
Marconistraße 4–8
50769 Köln
Tel. 0221/970303-0
Fax. 0221/970303-20
Seite: 42, 43

Flachshaus GmbH
Pritzwalker Straße 1
16928 Giesensdorf
Tel. 03395/700796
Fax. 03395/301925
Seite: 62

Forbo-Stamoid AG
Beschichtungswerk
CH-8193 Eglisau
Tel. 0041/18682626
Fax. 0041/18682727
Seite: 66, 68

Fulgurit Baustoffe GmbH
Postfach 1208
31513 Wunstorf
Tel. 05031/51-0
Fax. 05031/51-203
Seite: 50, 51

Gefinex GmbH
Postfach 1243
33792 Steinhagen
Tel. 05204/1000-0
Fax. 05204/1000-59
Seite: 58

GH-Baubeschläge
Hartmann GmbH
Postfach 200226
32522 Bad Oeynhausen
Tel. 05731/7580-0
Fax. 05731/7580-90
Seite: 73, 74, 75

Glunz AG
Industriestraße 1
37070 Göttingen
Tel. 0551/5062-0
Fax. 0551/5062-404
Seite: 40, 42, 46, 48, 50, 54

Gmach Holzwerke GmbH & Co.KG
Mühlbachstraße 1
93438 Pöcking
Tel. 09461/403-0
Fax. 09461/403-33
Seite: 41

Gradl & Stürmann
Korkhandel
Postfach 1524
27735 Delmenhorst
Tel. 04221/593-03
Fax. 04221/593-56
Seite: 76

Grossmann Bau GmbH
Äußere Münchner Str. 20
83026 Rosenheim
Tel. 08031/4401-51
Fax. 08031/4401 93
Seite: 36

Gütegemeinschaft BS-Holz e.V.
Füllenbachstr. 6
40474 Düsseldorf
Tel. 0211/478180
Fax. 0211/452314
Seite: 42

Anhang
Hersteller/Verbände

Güteschutzgemeinschaft
Sperrholz e. V.
Wilhelmstraße 25
35392 Giessen
Tel. 0641/97547-0
Fax. 0641/97547-99
Seite: 42

Gutex Faserplattenwerk
H. Henselmann GmbH
Postfach 201320
79753 Waldshut-Tiengen
Tel. 07741/6099-0
Fax. 07741/6099-57
Seite: 47, 54, 55

Gyproc GmbH
Scheifenkamp 16
40878 Ratingen
Tel. 02102/476-0
Fax. 02102/476-100
Seite: 52

Haas Fertigbau GmbH
Industriestraße 8
84326 Falkenberg
Tel. 08727/18552
Fax. 08727/18554
Seite: 36, 41

Hanno-Werk GmbH & Co. KG
Postfach 140120
30870 Laatzen
Tel. 05102/7000-0
Fax. 05102/7000-10
Seite: 78

Härle Karl GmbH & Co. KG
Holzleimbau
Bleicherstraße 38
88400 Biberach/Riss
Tel. 07351/1880-0
Fax. 07351/1880-22
Seite: 36

Haubold-Kihlberg
Carl-Zeiss-Straße 19
30966 Hemmingen
Tel. 0511/4204-0
Fax. 0511/4204-204
Seite: 72

Heck Dämmsysteme GmbH
Industriestr. 34
67136 Fußgönheim
Tel. 06237/4008-0
Fax. 06237/60160
Seite: 56

Anton Heggenstaller AG
Mühlenstraße 7
86556 Unterbernbach
Tel. 08257/81194
Fax. 08257/81220
Seite: 35

Henjes Naturschrot
GmbH & Co
Postfach 1155
28871 Oyten
Tel. 04207/698-0
Fax. 04207/698-40
Seite: 56

Henkel Bautechnik GmbH
Postfach 102852
40019 Düsseldorf
Tel. 0211/7379-0
Fax. 0211/7379-304
Seite: 78

Henkel Teroson GmbH
Postfach 105620
69046 Heidelberg
Tel. 06221/704-0
Fax. 06221/705-242
Seite: 78

Hentschel GmbH
Hauptstraße 71
02744 Oberoderwitz
Tel. 03584/227443
Fax. 03584/227450
Seite: 74

Anton Hess GmbH & Co. KG
Postfach 1460
63884 Miltenberg
Tel. 09371/4003-0
Fax. 09371/4003-45
Seite: 35, 43, 44

Hess Co. AG
Sperrholzfabrik
CH-5312 Döttingen
Tel. 0562454545
Fax. 0562454576
Seite: 42

Hiwo Holzindustrie GmbH & Co. KG
Grimmenstein 10
88364 Wolfegg
Tel. 07527/9681-00
Fax. 07527/9681-29
Seite: 37

Hock Vertriebs-GmbH & Co. KG
Industriestraße 7
76297 Stutensee-Spöck
Tel. 07294/9471-0
Fax. 07294/9471-25
Seite: 62

Holzfaserplattenwerk
Schönheide GmbH
Muldenstraße 6
08304 Schönheide
Tel. 037755/5140
Fax. 037755/5141-0
Seite: 54

Homann Dämmstoffwerk
GmbH & Co. KG
Gewerbegebiet
96536 Berga
Tel. 03465/1416-0
Fax. 03465/1416-29
Seite: 64

Hornitex Werke
Gebr. Künnemeyer
Postfach 1161
32792 Horn-Meinberg
Tel. 05234/848-00
Fax. 05234/848-202
Seite: 40, 48, 47

Hülster-Holz GmbH & Co. KG
Postfach 1348
59564 Warstein
Tel. 02902/9798-0
Fax. 02902/9798-99
Seite: 35

Illbruck Bautechnik GmbH
Postfach 300426
51381 Leverkusen
Tel. 02171/391-0
Fax. 02171/391-586
Seite: 78

Industriegruppe Gipsplatten
Birkenweg 13
64295 Darmstadt
Tel. 06151/314310
Fax. 06151/316549
Seite: 52

Industrieverband Hartschaum e.V.
Postfach 103006
69020 Heidelberg
Tel. 06221/776071
Fax. 06221/775106
Seite: 57, 58, 59

Industrieverband Bitumen-Dach- u.
Dichtungsbahn e.V.
Karlstraße 21
60329 Frankfurt
Tel. 069/2556-1314
Fax. 069/2556-1602
Seite: 65

Informationsgemeinschaft
d. Nagelplattenverwender
Postfach 300141
40401 Düsseldorf
Tel. 0211/47818-0
Fax. 0211/452314
Seite: 62

Intercel GmbH
Hildesheimer Str. 53
30169 Hannover
Tel. 0511/8071-165
Fax. 0511/8071-299
Seite: 64

Isocotton GmbH
Kirchbergstraße 23
86157 Augsburg
Tel. 0821/5210-805
Fax. 0821/5210-809
Seite: 61

Isofloc Wärmedämmtechnik GmbH
Am Fieseler Werk 3
34253 Lohfelden
Tel. 0561/95172-0
Fax. 0561/95172-95
Seite: 55, 64

Rudolf Janssen GmbH & Co. KG,
Systembinder
Postfach 1146
49753 Werlte
Tel. 05951/866
Fax. 05951/3421
Seite: 37

Joma-Dämmstoffwerk GmbH & Co
KG
87752 Holzgünz
Tel. 08393/78-0
Fax. 08393/78-55
Seite: 65

K + K ISO Baumwolle
Werner-von-Siemens-Straße 26
76694 Forst
Tel. 07251/300376
Fax. 07251/86065
Seite: 61

Kaufmann Holzbauwerke GmbH
Reuthe 57
A-6870 Reuthe bei Bezau
Tel. 0043-5574/804-0
Fax. 0043-5574/804-202
Seite: 36, 37, 41

Kaufmann Massivholz GmbH
Max-Eyth-Straße 25-27
89613 Oberstadion
Tel. 07357/921346
Fax. 07357/921101
Seite: 37

KAWO-Dichtstoffe
Karl Wolpers
Postfach 101444
31114 Hildesheim
Tel. 05121/7619-0
Fax. 05121/7619-29
Seite: 78

Johann Kirchhoff GmbH
Postfach 906
57407 Finnentrop
Tel. 02395/9191-0
Fax. 02395/9191-40
Seite: 35

Anhang
Hersteller / Verbände

Klöber GmbH & Co KG
Postfach 1354
58242 Ennepetal
Tel. 02333/9877-0
Fax. 02333/9877-199
Seite: 61, 66, 68

Gebr. Knauf Westdeutsche Gipswerke
Postfach 10
97343 Iphofen
Tel. 09323/31-1294
Fax. 09323/31-277
Seite: 52

Kobus Industrieholz- und Montagebau GmbH
Einharting 12
83567 Unterreit
Tel. 08638/9870-0
Fax. 08638/9870-97
Seite: 37

Köster Bauchemie GmbH
Dieselstr. 3–8
26607 Aurach
Tel. 04941/7023
Fax. 04941/7029
Seite: 66, 69

Kronospan Ltd. & Cie.
Postfach 109
L-4902 Sanem, Luxemburg
Tel. +35/2590/311400
Fax. +35/2590/662
Seite: 42

Kulba-Bauchemie GmbH
Postfach 1351
91504 Ansbach
Tel. 0981/9505-0
Fax. 0981/9500-55
Seite: 77

Kunz GmbH & Co.
Postfach 61
74415 Gschwend
Tel. 07972/690
Fax. 07972/5074
Seite: 48, 47

Lafarge Gips GmbH
Große Rosenstr. 21
34117 Kassel
Tel. 0561/97884-0
Fax. 0561/97884-35
Seite: 52

Leca Deutschland GmbH
Postfach 1755
25407 Pinneberg
Tel. 04101/6999-99
Fax. 04101/6999-02
Seite: 65

Leinos-Naturfarben GmbH
Weilenburgstr. 29
42579 Heiligenhaus
Tel. 02056/9326-0
Fax. 02956/9326-25
Seite: 77

Lias Franken
Liapor Werk
Postfach 20
78609 Tuningen
Tel. 07464/9800-0
Fax. 07464/9890-80
Seite: 65

Lignum
Falkenstraße 26
CH-8008 Zürich
Tel. +41/01/2615057
Fax. +41/01/2514126
Seite: 34, 38, 42

Lindner AG
Postfach 1180
94420 Arnstorf
Tel. 08723/20-0
Fax. 08723/20-147
Seite: 52, 53

Livos Pflanzenchemie GmbH
OT Emern Nr. 60
29568 Wieren
Tel. 05825/88-0
Fax. 05825/88-60
Seite: 77

MAGE Gehring GmbH
Plankstraße 10
72250 Freudenstadt
Tel. 07441/866-0
Fax. 07441/84551
Seite: 72

Maier Holzbau GmbH & Co.
Tussenhauser Straße 30
86842 Türkheim
Tel. 08245/9698-0
Fax. 08245/969820
Seite: 36

Merk Holzbau GmbH & Co.
Postfach 1260
86543 Aichach
Tel. 08251/908-0
Fax. 08251/6005
Seite: 36, 43, 44

Merkle Holz GmbH
Säge- und Hobelwerk
Postfach 48
89276 Nersingen
Tel. 07308/2820
Fax. 07308/7269
Seite: 35

MiTek Industries GmbH
Philipp-Reis-Straße 15 b
63128 Dietzenbach
Tel. 06074/3762-0
Fax. 06074/815275
Seite: 73

Moll Bauökologische Produkte GmbH
Rheintalstraße 35–43
68723 Schwetzingen
Tel. 06202/9307-0
Fax. 06202/9307-81
Seite: 66, 68

Morgan Thermal Ceramics
Alte Schmelze 18
65201 Wiesbaden
Tel. 0611/18899-0
Fax. 0611/18899-90
Seite: 65

Odenwald Faserplattenwerk GmbH
Postfach 1120
63912 Amorbach
Tel. 09373/201-0
Fax. 09373/201-130
Seite: 47

Otto-Graf-Institut
FMPA Baden-Württemb.
Pfaffenwaldring 4
70569 Stuttgart
Tel. 0711/685-3323
Fax. 0711/685-6829
Seite: 36

Paslode GmbH
Im Gotthelf
65795 Ettersheim
Tel. 06145/370
Fax. 06145/375112
Seite: 72

Pavatex GmbH
Untere Grabenstraße 6
88299 Leutkirch
Tel 07561/3550
Fax. 07561/6598
Seite: 47, 54, 55, 62

Perlite Dämmstoff GmbH
Postfach 103064
44030 Dortmund
Tel. 0231/9980-02
Fax. 0231/9980-138
Seite: 65

Pfleiderer Industrie GmbH & Co. KG
Postfach 2760
59753 Arnsberg
Tel. 02932/02-227
Fax. 02932/302-208
Seite: 40, 48, 60

Phoenix AG
Postfach 900854
21048 Hamburg
Tel. 040/7667-1
Fax. 040/7667-2399
Seite: 67

Pröbstl Holzwerke GmbH
Am Bahnhof 6
86925 Asch
Tel. 08243/2074
Fax. 08243/2613
Seite: 41

Proholz Holzinformation
Uraniastrasse 4
A-1011 Wien
Tel. +43/1/7120474-31
Fax. +43/1/7131018
Seite: 34, 42

Puren Schaumstoff GmbH
Postfach 101154
88641 Überlingen
Tel. 07551/8099-0
Fax. 07551/8099-20
Seite: 59

Purwoll GmbH
Uhlandstraße 4
89250 Senden
Tel. 07307/948531
Fax. 07307/948515
Seite: 61

RCH Fluorchemie GmbH
Hauptstraße 35
50126 Bergheim
Tel. 02271/45161
Fax. 02271/45158
Seite: 77

Karl M. Reich
72622 Nürtingen
Tel. 07022/710
Fax. 07022/71233
Seite: 72

Remmers Chemie GmbH & Co.
Postfach 1255
49619 Löningen
Tel. 05432/83-0
Fax. 05432/83-109
Seite: 77

Rettenmeier GmbH & Co. KG
Industriestraße 1
91634 Wilburgstetten
Tel. 09853/338-0
Fax. 09853/338-100
Seite: 35

Rigips GmbH
Postfach 110948
40509 Düsseldorf
Tel. 0211/5503-0
Fax. 0211/5503-208
Seite: 52, 53

Anhang
Hersteller/Verbände

Rosenauer Holzverarbeitung
Ges. m.b.H
A-4581 Rosenau/Hengst.
Tel. 07566/241-0
Fax. 07566/241-37
Seite: 42

Röthel GmbH & Co. KG
Postfach 2404
24514 Neumünster
Tel. 04321/9992-40
Fax. 04321/9992-22
Seite: 63, 56, 66

Rougier Océan Landex
ROL Tech
339 Av. De la Rochelle
F-79009 Niort Cedex
Seite: 42

ROWA F. Rothmund GmbH
Eisenschmiede 20
73432 Aalen-Unterkochen
Tel. 07361/98720
Fax. 07361/987252
Seite: 61

Saar-Gummiwerk GmbH
66687 Wadern
Tel. 06874/69-0
Fax. 06874/69-505
Seite: 67

Saint-Gobain Isover G+H AG
Bürgermeister-Grünzweig-Straße 1
67059 Ludwigshafen
Telefon: 0800 / 501 5 501
Telefax: 0800 / 501 6 501
Seite: 60, 62, 66, 68, 69

Sauerländer Spanplatten
GmbH & Co. KG
Postfach 5553
59821 Arnsberg
Tel. 02931/876-0
Fax. 02931/876-18
Seite: 49

Schaumann GmbH
Postfach 105728
20039 Hamburg
Tel. 040/2484460
Fax. 040/24844610
Seite: 42

Schlingmann GmbH & Co.
Spanplattenwerk
Postfach 1164
93143 Nittenau
Tel. 09436/951-0
Fax. 09436/2504
Seite: 48

Holz Schmidt GmbH
Zum Flugplatz 8
35091 Cölbe-Schönstadt
Tel. 06427/9220-0
Fax. 06427/9220-30
Seite: 35

Schollmayer Holz GmbH
Hauptstraße 173
55246 Mainz-Kostheim
Tel. 06134/18110
Fax. 06134/24952
Seite: 35

Schwenk Dämmtechnik
GmbH & Co. KG
Postfach 1353
86883 Landsberg
Tel. 08191/127-1
Fax. 08191/127-292
Seite: 57

Sika Chemie GmbH
Kornwestheimerstr. 103
70432 Stuttgart
Tel. 0711/8009-0
Fax. 0711/8009-321
Seite: 78

Stattbauhof GmbH
Markgrafendamm 16–17
10245 Berlin
Tel. 030/29394-0
Fax. 030/29394-104
Seite: 64, 62

Steinmann & Co. GmbH
Zugspitzstraße 51
85881 Kirchheim
Tel. 089/991551-1
Fax. 089/155156
Seite: 54

Studiengemeinschaft
Holzleimbau e.V.
Postfach 300141
40401 Düsseldorf
Tel. 0211/478180
Fax. 0211/452314
Seite: 36

Matthäus Sturm GmbH
Holzverarbeitung
Postfach 1263
89539 Herbrechtingen
Tel. 07324/953-0
Fax. 07324/953-100
Seite: 35

Teutoburger Sperrholzwerk
G. Nau GmbH
Postfach 8050
32736 Detmold
Tel. 05232/981-00
Fax. 05232/981-999
Seite: 42

Thermowoll Dämmstoffe GmbH
Hoheimer Straße 1
97318 Kitzingen
Tel. 09321/322-01
Fax. 09321/322-06
Seite: 61

Thüringer Dämmstoffwerke GmbH
Am Schloßberg 3
99438 Bad Berka
Tel. 03645/837-0
Fax. 03645/837-198
Seite: 60

Treuhanf AG
Treptower Park 30
12435 Berlin
Tel. 030/53699153
Fax. 030/53699154
Seite: 62

Trus Joist Mac Millan
Behringstraße 10
82152 Planegg
Tel. 089/855a096
Fax. 089/8540886
Seite: 43, 44, 45

Überwachungsgemeinschaft
Konstruktionsvollholz
Postfach 6128
65051 Wiesbaden
Tel. 0611/97706-0
Fax. 0611/9770622
Seite: 35

Vedag AG
Postfach 600540
60335 Frankfurt/Main
Tel. 069/4084-0
Fax. 069/4084-237
Seite: 66, 67

Verband der Deutschen
Holzwerkstoffindustrie
Wilhelmstr. 25
35392 Giessen
Tel. 0641/97547-0
Fax. 0641/97547-99
Seite: 42, 46

Wanit Universal GmbH
Postfach 2020
63120 Dietzenbach
Tel. 06074/4996-0
Fax. 06074/4996-66
Seite: 51, 66, 68, 69

Wehl GmbH
Postfach 310160
68261 Mannheim
Tel. 0621/7654-0
Fax. 0621/7654-44
Seite: 77

Westag & Getalit AG
Postfach 2629
33375 Rheda-Wiedenbrück
Tel. 05242/17-0
Fax. 05242/17-613
Seite: 42

WIKA Isolier- und Dämmtechnik
GmbH
Postfach 101023
85010 Ingolstadt
Tel. 08450/37-0
Fax. 08450/1647
Seite: 66, 68, 69

Wilhelmi Werke GmbH & Co. KG
Postfach 55
35631 Lahnau
Tel. 06441/601-0
Fax. 06441/63439
Seite: 47

Holzwerke Wimmer GmbH
Postfach 1458
84344 Pfarrkirchen
Tel. 08561/3005-0
Fax. 08561/3005-55
Seite: 35

Johann Wolf
GmbH & Co. Systembau KG
Gewerbegebiet
94486 Osterhofen
Tel. 09932/37-0
Fax. 09932/2893
Seite: 73

Dr. Wolmann GmbH
Postfach 1160
76545 Sinzheim
Tel. 07221/800-0
Fax. 07221/800-290
Seite: 77

Adolf Würth GmbH & Co. KG
Postfach
74650 Künzelsau
Tel. 07940/15-0
Fax. 07940/15-1000
Seite: 72

Zeh Ulrich GmbH & Co. KG
Holz- und Leimbau
Obersteig 2
88167 Maierhöfen/Allgäu
Tel. 08383/92051-0
Fax. 08383/92051-99
Seite: 36

Zipse Korkvertrieb-
Biologische Baustoffe
Tullastr. 26
79341 Kenzingen
Tel. 07644/9119-0
Fax. 07644/9119-34
Seite: 56, 63

Anhang
Sachregister

Sachregister

Absperrfurnier	40
Achsabstand	12, 30
Ankernägel	73
Ankerschrauben	22
Anstrich	13
Anwendungstypen	88
Auflager	28
Außenbekleidung	38
Außenecke	18
Außenschalung	17
Außenwand	12, 14, 15, 17, 18, 22, 24, 31, 66
Außenwandelemente	22, 23
Bahnenbeläge	15
Balkenschuhe	74
Balkenträger	14, 16, 75
Baufeuchte	25
Baufurniersperrholz (BFU)	42
Baugrund	22
Bauholz	23, 34
Baumwolle	61
Baupapiere	66–69
Bauplatten	51–53
Bauschnittholz	34, 35
Bautoleranzen	13
Bauwerksfeuchte	67
Beplankung	13, 18, 19, 22, 24, 41, 42, 46–50, 52, 53
Bitumenbahn	67
Bituminerte Holzfaser	55
Bitumen-Holzfaserplatten	55
Blähglimmer	23
Blähperlite	65
Blähton	65
Blechdeckung	16
Blockzarge	15
Blower-Door-Test	66
Bodenbelag	15
Bodenelemente	25
Bodenplatte	22
Bohlen	38
Bohlenlage	14, 15
Bohlenschalung	14
Bolzen	71
Brandschutzforderung	19
Bretter	38
Brettschichtholz (BSH)	31, 36
Brettstapelelement	26, 31, 37
Brüstungsriegel	14
BSD-Elemente	28
BSH-Elemente	26, 28, 31
Bulldog-Dübel	70
Chemischer Holzschutz	12, 16, 22, 76, 77
Dachdecke	16, 28
Dachhaut	16
Dachüberstand	12, 16
Dachplatten	43
Dachrand	16
Dachraum	17
Dachschalung	17
Dämmelement	54
Dämmkork	56
Dämmplatten	12, 29, 56
Dämmstoffe	17, 31, 54–65
Dämmstreifen	25
Dämmwert	28
Dampfbremse	13, 14, 16, 17, 18, 19, 22, 26, 28, 31, 66
Dampfsperre	24, 66
Deckbrett	18
Deckenanschluss	
Deckenaufbau	14
Deckenbalken	14
Deckenelemente	29
Deckenrand	26
Deckenschalung	16, 17, 19
Deckfurnier	40
Deckleisten	30
Dichtstoff	26
Dielenboden	15
Drahtstifte	72
Dreischichtplatte	41
Drückendes Wasser	67
Dübel	22, 25, 70
Eckausbildung	31
Einhängeträger	75
Einlassdübel	70
Elektroinstallation	13
Elemente	23, 26
Elementstoß	31
Energieeinsparung	29
Energieeinsparungsverordnung	14, 26
Entwässerung	28
Estrichdämmplatten	63
Fachwerkpfosten	12, 17
Faserdämmstoff	12
Faserzementplatten	12, 22, 24, 51, 57
Fassadenplatten	30
Federbügel	31
Fenster	13, 18, 26
Fensterrahmen	26
Fensterstock	14, 18
Fertigparkett	15
Feuchtigkeitsabdichtungen	22, 25, 67
Feuchtraumplatten	53
Feuchträume	23
Feuerschutzplatten	53
Feuerwiderstand	31
Flachdach	57, 65
Flachpressplatten (FP)	48
Flachs	62
Flachstahldübel	70
Flachverbinder	74
Fliesen	18
Flocken	12
Folien	66, 67, 68, 69
Frostschutzkies	22
Fünfschichtplatte	41
Fugendichtbänder	14, 25, 26, 30, 78
Fundament	25
Fußbodenaufbau	27
Fußbodenelemente	24
Fußbodenkonstruktion	13, 57, 65
Furnierschichtholz (FSH)	43
Furnierstreifenholz	44
Gebäudetrennfuge	31
Gebäudetrennwand	19
Gefährdungsklassen	22, 84
Geka-Dübel	70
Geometrische Wärmebrücke	31
Gespundete Fasebretter	39
Giebelbereich	17
Giebelwand	17
Gipsfaserplatten	18, 23, 24, 53
Gipskartonplatten	18, 22, 23, 24, 31, 52, 57, 72
Gipskarton-Bauplatten (GKB)	52
Gipskarton-Feuerschutzpl. (GKF)	19, 52
Gipskarton-Putzträgerplatten (GKP)	52
Trockenestrichplatten (GP)	52
Gipsplatten	23
Glasfaser	60
Granulat	56
Grobkiesstreifen	12
Gründung	24
Haften	28
Hanf	62
Hausbock	76
Hausschwamm	76
Hartschaum	57, 59
Hersteller	106–109
Hinterfüllung	31
Hinterlüftung	12, 13, 19, 66, 76
Haften	17
Höhenausgleich	25
Hohlraumdämmung	63
Hohlraumflocken	62
Hohlraumschüttung	65
Holz	34–39
Holzfaser	54
Holzfaserdämmplatten	54
Holzfaserplatten (HF)	14, 47, 54
Holzhausbau	35, 41, 47, 49
Holzschrauben	72
Holzschutz	12, 76, 76
Holzschwelle	12
Holzwerkstoffe	22, 23, 24, 40–50, 57
Holzwerkstoffklassen	83
Horizontale Ausriegelung	13
Innenwand	15, 25, 27
Innenverkleidung	13
Innenwandelemente	23
Installationsleitungen	19
Installationsschacht	18, 19
Installationsschicht	27
Integralverbinder	75
Kaltdach	17
Kamindämmschüttung	65
Kammnägel	73
Kerndämmung	60, 65
Klammern	72
Knotenplatten	43
Kokos	13, 63

Anhang
Sachregister

Kokosfaser	13, 23, 63
Kokosfaserdämmplatten	63
Kokosrollfilze	63
Kokoswandplatten	63
Konstruktiver Holzschutz	12, 76
Konstruktionsvollholz (KVH)	13, 35
Konterlattung	29
Kontersparren	28, 29
Kork	56
Korkstreifen	15
Korrosionsfahnen	18
Kunststoff	26
Kunststoffbahn	25, 26, 28, 67
Lasur	13
Laubholz	34, 40
Leimpfostenträger	75
Literatur	89
Lochbänder	74
Luftdichtigkeit	14
Luftschall	14, 15, 27
Maschinenstifte	72
Mehrschichtplatten	41, 47
Mineralfaser (KMF)	13, 19, 23, 26, 60
Mineralwolle	26, 60
Mitteldichte Faserplatte (MDF)	47
Möbelbau	40, 47
Nadelholz	23, 34–41
Nägel	18, 73
Nagelplatten	72
Nagelschrauben	73
NHT-Verbinder	75
Nichtdrückendes Wasser	67
Normen	103
Oberflächenbehandlung	13
Oriented Strand Board (OSB)	46
Ortgang	17
Ortschaum	59
OSB-Platten	13, 46
Papier	28
Parallel Strand Lumber (PSL)	44
Parkett	27
Partikelschaum	57
Passbolzen	71
Patinierende Holzarten	13
PE-Folie	24, 67
Perimeterdämmung	12, 58
Perlite	65
Pfettenanker	75
Pflanzliche Schädlinge	76
Pfostenträger	75
Plattenwerkstoffe	23
Polymerbitumenbahn	25
Polystyrol expandiert (EPS)	57
Polystyrol extrudiert (XPS)	58
Polystyrol-Extruderschaum	58
Polystyrolpartikel	57
Polyurethan-Hartschaum (PUR)	59
Polyurethan-Ortschaum (PUR)	59
Produkte	33–78
Profilanker	75
Profilbretter	39
Quellbewegung	14
Quellmörtel	12, 22, 25
Rähm	15, 25
Randbalken	17
Randsparren	17
Rechteckdübel	70
Resistenzklasse	12, 85
Rillennägel	73
Ringkeildübel	70
Rinnenhalter	16, 28
Sandwaben	27
Schälfurnierstreifen	40, 44
Schafwolle	26, 61
Schalldämmung	13, 15, 23, 60, 61, 63, 65
Schallschutz	19, 31
Schalung	13, 38, 67
Schalungsbrett	18
Scharbreite	17
Schattenfuge	30
Schaumkunststoffe	57–59
Scheibenwirkung	26
Schienenanker	75
Schnellbauschrauben	72
Schrauben	18, 30, 72
Schutzlage	29
Schutzmaßnahmen	30
Schutzschichten	29
Schwelle	13, 15, 22, 28, 77
Schwimmende Gründung	22
Schwindmaß	23
Schwerlastdübel	12, 13
Sekundäres Tauwasser	28
Sommerlicher Wärmeschutz	37
Sondernägel	73
Sortierkriterien	12, 82
Sockelleiste	13
Spannungen	18
Spannweite	18
Spanplatte	24, 50
Spanplattenschrauben	72
Spanstreifenholz (LSL)	45
Sparrenabstand	16
Sparrenfußverbinder	74
Sparrenhalter	75
Sparrennägel	73
Sparrenordnung	17
Sparrenpfetten	28
Sparrenpfettenanker	75
Speicherwirkung	29
Sperrholz	13, 16, 22, 25, 28, 30
Sperrholzplatten	30
Stabdübel	71
Stabsperrholz (ST)	40
Stäbchensperrholz (STAE)	40
Stahlblechformteile	74
Steckdosen	13
Steinfaser	60
Steinschraube	12, 25
Strangpressplatten	49
Streifenfundamente	24
Stülpschalungsbretter	39
Stützenfüße	75
Stützenschuhe	75
Stützenraster	16
Stumpfer Stoß	18
Sturzriegel	15, 26, 27
Styropor	57
Textilfaser	62
Tierische Schädlinge	76
Tischlerplatte	40
Toleranzen	12, 13, 18, 26
Trägerverstärkung	43
Traglattung	38
Traufblech	28
Traufbohle	28
Treppen	13, 40
Trennlage	12, 16, 66, 67
Trittschalldämmung	15, 24, 27, 54, 57, 60, 67
Trockener Montagebau	24
Trockenestrich	15, 24, 27, 52
Trockenschüttung	14
Tür	49
Türleibung	15
Türrahmen	27
Türzarge	15
Überlukte Schalung	14, 17, 18, 19
Umkehrdach	58
Unterkonstruktion	18, 29, 30
Unterlüftung	28
Verbindungsmittel	38, 70–75
Verbundelement	54
Verbundkonstruktion	37
Verbundplatte	53
Verbundwerkstoff	60
Verfliesung	23
Vergrauen	13
Verlegespanplatten	50
Vollholz (VH)	34, 36
Vollholzleisten	40
Vordeckung	16
Vorratskantholz	34
Vorsatzschale	31
Wandelemente	25, 26
Wärmebrücke	29
Wärmedämmung	12, 16, 22, 28, 29, 31, 57, 60, 61
Wärmeverluste	12
Weichfaserplatte	12
Wellplattendeckung	28
Wetterschutz	51
Wetterschutzbeschichtung	13
Winddichtung	12, 14, 16, 17, 18, 19, 24, 27, 60
Windrispenbänder	74
Winkel-Klebeband	31
Winkelverbinder	74
Witterungsschutz	26
Zellulose	64
Zelluloseflocken	23, 64
Zementgeb. Spanplatte	24, 50
Z-Profile	74

Anhang
Namensregister/Bildnachweis

Namensregister

Seite 81
Bankprovisorium in Nürnberg
Bauherr:
 Hypo-Vereinsbank, München
Architekt:
 aml architekturwerkstatt
 Matthias Loebermann, Nürnberg
Mitarbeiter:
 Werner Feldmeier, Eric Alles

Seite 82
Wochenendhaus in Vallemaggia
Bauherr:
 Roberto Briccola, Giubiasco
Architekt:
 Roberto Briccola, Giubiasco
Tragwerksplaner:
 Flavio Bonalumi, Giubiasco

Seite 84
Wohnhaus bei Bad Tölz
Bauherr:
 ohne Nennung
Architekten:
 Fink + Jocher, München
 Dietrich Fink, München
 Thomas Jocher, München
Mitarbeiter:
 Nicole Hemminger, Thomas Pfeiffer
Tragwerksplanung:
 Toni Staudacher, Tegernsee

Seite 86
Pfarr- und Jugenheim in Lenting
Bauherr:
 Pfarrgemeinde St. Nikolaus, Lenting
Architekt:
 Meck Köppel Architekten, München
 Andreas Meck, München
 Stefan Köppel, München
Mitarbeiter:
 Werner Schad, Eva Maria Krebs,
 Susanne Frank, Peter Fretschner
Tragwerksplanung:
 Ingenieurbüro H. L. Haushofer,
 Markt Schwaben

Seite 88
Wohnhaus in Trofaiach
Bauherr:
 GIWOG-Gemeinnützige Industrie
 Wohnungs GmbH, Linz
Architekt:
 Hubert Riess, Graz
Mitarbeiter:
 Christoph Platzer
Tragwerksplaner:
 Rudolf Prein, Leoben

Seite 90
Strandbad in Zug, Schweiz
Bauherr:
 Einwohnergemeinde Zug
Architekt:
 Alfred Krähenbühl, Zug
Mitarbeiter:
 Reto Keller, Bauleiter
Tragwerksplanung:
 Ernst Moos AG, Zug
 Xaver Keiser Zimmerei Zug AG

Seite 92
Schule in St. Peter, Schweiz
Bauherr:
 Politische Gemeinde St. Peter,
 Graubünden
Architekt:
 Conradin Clavuot, Chur
Mitarbeiter:
 Claudia Clavuot-Merz, Norbert Mathis,
 Alex Jörg, Paula Deplazes
Tragwerksplanung:
 Jürg Conzett, Chur

Seite 94
**Mediothek der Kantonsschule
in Küsnacht**
Bauherr:
 Baudirektion Kanton Zürich,
 Hochbauamt, Zürich
Architekten:
 Bétrix & Consolascio mit Eric Maier,
 CH-Erlenbach
Projektleiter:
 Yves Milani
Bauleiter:
 Ghisleni Bauleitung GmbH, CH-Jona
Tragwerksplaner:
 Bauingenieur Walt + Galmarini AG, Zürich

Seite 96
Ladengebäude in Lindau-Hoyren
Bauherr:
 Härtl-Parkett-GmbH, Lindau
Architekt:
 Karl Theodor Keller, München
Tragwerksplaner:
 Dr. Gernot Pittioni, München

Bildnachweis

Seite 7:
Kazunori Hiruta, Tokio
Seite 34–36. 40, 42–48, 50, 52–55
ARGE Holz, Düsseldorf
Seite 37
Kaufmann Massivholz GmbH, Oberstadion
Seite 38, 41 ,51 ,62 ,63
Friedemann Zeitler, Penzberg
Seite 39
Michael Weinig AG
Seite 49
Sauerländer Spanplatten GmbH & Co. KG
Seite 56–61, 64, 65
Frank Kaltenbach, München
Seite 79, 86, 87:
Michael Heinrich, München
Seite 81:
Oliver Schuster, Stuttgart
Seite 82, 83:
Friedrich Busam/Architekturphoto,
Düsseldorf
Seite 84, 85:
Thomas Jocher, München
Seite 88, 89:
Damir Fabijanic, Zagreb
Seite 90, 91:
Guido Baselgia, Baar/CH
Seite 92, 93:
Ralph Feiner, Malans/CH
Seite 94:
Thomas Jantscher, CH-Colombier
Seite 95:
Jan Schabert, München
Seite 96 oben:
Johanna Reichel-Vossen, München
Seite 96 unten:
Karl Theodor Keller, München

Fotos zu denen kein Fotograf genannt ist,
sind Architektenaufnahmen, Werkfotos
oder stammen aus dem Archiv DETAIL.